高职高专计算机类专业系列教材——移动应用开发系列

U0121836

知其所以然

——UI 设计透视

艾宴清　主　编

蔡　铁　徐守祥　马　超

杨海红　刘　松　　副主编

电子工业出版社

Publishing House of Electronics Industry

北京 · BEIJING

内 容 简 介

近些年"互联网＋"从火爆到积淀，不仅留下了如快递柜、外卖小哥、共享单车等改变生活习惯的产品，而且随着浪潮的平息带走了不少创业者的时光和资本。从 PC 端互联网到移动端互联网行业，互联网行业的发展一直都是摸着石头过河，每次都在用野蛮而快速的方式推动社会进步。

本书试图从这个潮流中识别出一些规律，帮助从业人员在新时代"互联网＋"的道路上行走得更加顺利。本书中紧紧围绕产品从创意到落地的整个过程，介绍了基于工程化思维的 UI 设计流程。

本书适用于高职高专院校软件技术、数字媒体、信息技术等相关专业学生及互联网行业从业人员，尤其适用于有一定设计经验，略懂 UI 设计流程和产品设计流程的人员。

图书在版编目（CIP）数据

知其所以然：UI 设计透视/艾宴清主编. —北京：电子工业出版社，2021.8

ISBN 978 - 7 - 121 - 37594 - 1

Ⅰ. ①知⋯ Ⅱ. ①艾⋯ Ⅲ. ①人机界面—程序设计—高等学校—教材 Ⅳ. ①TP311.1

中国版本图书馆 CIP 数据核字（2019）第 219791 号

责任编辑：贺志洪（hzh@phei.com.cn）

印　　刷：北京天宇星印刷厂

装　　订：北京天宇星印刷厂

出版发行：电子工业出版社

　　　　　北京市海淀区万寿路 173 信箱　邮编 100036

开　　本：787×1092　1/16　印张：12.75　字数：326.4 千字

版　　次：2021 年 8 月第 1 版

印　　次：2021 年 8 月第 1 次印刷

定　　价：54.00 元

凡所购买电子工业出版社图书有缺损问题，请向购买书店调换。若书店售缺，请与本社发行部联系，联系及邮购电话：(010) 88254888，88258888。

质量投诉请发邮件至 zlts@phei.com.cn，盗版侵权举报请发邮件至 dbqq@phei.com.cn。

本书咨询联系方式：(010) 88254609，hzh@phei.com.cn，QQ：6291419。

前　言

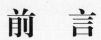

本书紧紧围绕产品从创意到落地的整个过程，介绍了基于工程化思维的 UI 设计流程。第 1 章对 UI 设计进行了简介并提出人人都有 UI 设计经验和天分的理念；第 2 章用 Quick Start 方式通过几个步骤带领暂时并未深入学习 UI 设计的读者完成第 1 个作品，使其突破心理障碍；第 3～4 章介绍做 UI 设计必须注重体验，以及如何定义一款软件产品；第 5～7 章从细节方面介绍做 UI 设计时如何开展逻辑、线框图和视觉设计；第 8 章介绍了一个简单而非常有效的 DIY 测试方法；最后在附录中给出了一些对设计流程非常有参考意义的范例和规则。

本书内容脱胎于笔者在移动互联网行业第一线的经验，其流程和观点很多都算是灰烬中的点点火光。本书由艾宴清担任主编，组织编写团队和编写思路，编写团队成员有深圳信息职业技术学院的蔡铁、徐守祥、马超、杨海红，以及成都摹客科技有限公司的刘松。在这里要感谢深圳信息职业技术学院邓果丽院长、王寅峰副院长对笔者的支持，没有 5 年来的授课安排，课程内容不会从开始到现在有了基本雏形；同时要感谢笔者身边创业的朋友们，他们是百立特的官子森（官总）和滕敏（滕总）、晓风环境的彭书涛（彭总）、海淘天使的司总、乾立亨的陈总和李总，以及零边际网络、善为互联的各位同仁，正是由于他们的支持，本书的论点才能得到实践的检验；同时要感谢在互联网上分享，以及提供分享平台的网友和公司，书中的内容有一部分就是吸纳了他们的经验。感谢笔者的太太 Vivi、儿子介子和家人，没有他们的支持，笔者也没有时间坐下来写东西。

最后感谢电子工业出版社的编辑，没有他的督促，笔者写稿的进程可能还会一拖再拖。

编者
2021 年 6 月

目　录

第 1 章

人人都是 UI 设计师

万事万物之间都存在千丝万缕的联系，一旦两个事物因缘际会聚在一起并沟通交流，则就存在一个"界面（Interface）"。广义上的"事物"并不单指人类，猫、狗，甚至机器人都可能会产生"交流"，因此用户界面（User Interface，UI）无处不在。从技术上讲，UI 是一个与产品相关的工程概念，是商业链中至关重要的一环，需要经过一个完整的设计过程。

从事 UI 设计工作的不是美工，不是软件工程师，也不是单纯的交互设计工程师或体验设计工程师。他/她需要具备从产品概念、产品设计到产品实现的全面知识，这个专业岗位叫作"UI 设计师"。

1.1 UI 设计师

首先必须澄清的是，在本书中还经常会提到产品经理和产品设计工程师，有时候甚至与 UI 设计师不加以区分。其原因是 UI 设计本质上就是在执行产品设计的过程，并且属于整个过程中承上启下、最关键的一环，不会 UI 设计是万万做不好产品经理的。UI 设计是产品设计的一个基础环节，UI 设计师是其他两个岗位的初级阶段。而且不同阶段并没有清晰的界限，因此不加以区分并不影响技术领域的界定。

UI 设计界的一本畅销书《人人都是产品经理》鼓舞了很多人，也为很多人投身产品设计起到了临门一脚的作用。仿而效之，可以说"人人都是 UI 设计师"。

对 UI 设计师，我们的看法大多停留在"做界面的"层次。只要提起 UI 设计师，我们首先会想到这个人一定会画画，并且具有不错的色彩感及艺术细胞，因此真正敢自信地说"人人都是 UI 设计师"的人并不多。

如果我们将一个岗位的能力进行简单分解，会发现 UI 设计的专业性至少包含两个维度，即操作能力和鉴赏能力，俗话所说的"没吃过猪肉，还没见过猪跑吗？"就是这个道理。按照我国信息化发展的速度，读者至少在 20 年前便接触过软件，并且拥有与自身年龄差不多的软件体验经验，因此所有人都具备一定 UI 设计鉴赏能力。

在工作中我们经常发现很多公司招聘的 UI 设计师来自平面设计群体，而在部分情况下，这种是行得通的，由此我们也可以看出 UI 设计这种能力可以从设计鉴赏能力进阶而来。

首先我们来看看 UI 设计师的技能特征，此处提到的技能特征并不是"术"这个层次的，比如图标设计能力、平面设计能力、设计编排能力等，而是"道"这个层次的特征，即沟通能力、鉴赏力、热爱生活。

当然，"人人都是 UI 设计师"只是说人人都具有 UI 设计的可能，但 UI 设计并不是一个人人都具备的操作技能。

1.2　UI 设计师眼中的世界

生活中处处都是界面，处处都是设计。而 UI 设计师注定成为一个挑剔的群体，他们必须用设计者的心态观察和审视我们生活中接触的每一个事物和每一件事情。

不同的设计会带来不同的效果，图 1-1 所示为日本东京的地铁闸机和中国上海的地铁闸机。我们很容易发现一个区别，即东京的地铁闸机默认开启，而上海的地铁闸机默认关闭。根据扛旗世界纪录，2017 年 9 月 8 日东京地铁创造了每年 28.19 亿人次的客流量，稳居世界地铁客流量首位；2019 年的上海地铁人流量也只有 1 329 万，两百余倍的运力差距却依然保持了良好的乘客体验，这种闸机功不可没。用户穿过闸机的时间可以从 20 秒缩短为 1 秒而无须增加硬件设施；此外，默认用户不逃票的用户体验会形成社会进步，道德感建立的一个助推剂。乘客在乘车过程中得到了最为重要的尊重感，真正突出了用户体验至上的设计感，因此两种看似差不多的设计却产生了非常巨大的经济效益和社会效益。

日本东京地铁闸机　　　　　　　　　　　中国上海地铁闸机

图 1-1　日本东京的地铁闸机和中国上海的地铁闸机

地铁在一二线城市几乎是最重要的交通工具。然而我国却存在大量用户体验极差的系统。看一看上海的自动售票机，售票机花花绿绿，颜色众多。对于初来乍到的人来说，我们会选择点击何处买票？

　　盲道是专门帮助盲人行走的道路设施，一般由两类砖铺就，一类是条形引导砖，引导盲人放心前行，称为"行进盲道"；一类是带有圆点的提示砖，提示盲人前面有障碍该转弯了，称为"提示盲道"。如果没有盲道，盲人会寸步难行，处处危机四伏。如果盲道上存在障碍物或者坑洞等，则无异于故意伤害，恰恰这种盲道在我们生活中并不鲜见。在发达国家，盲人或者行动不便需要轮椅的人几乎可以正常地外出，而目前在我国，这类人群的生活圈大多受各种设计漏洞的阻碍而囿于一屋，无法正常社交和工作。

　　图 1-2 所示为上海的自动售票机和盲道。

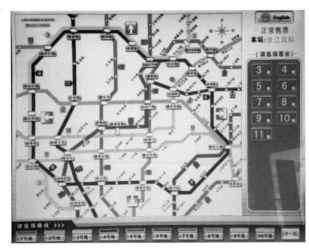 

中国上海的自动售票机　　　　　　　　　　　　　　　盲道

图 1-2　上海的自动售票面和盲道

　　让这个世界变得更美好需要我们练就一双"挑剔"而"热情"的眼睛，敏锐地发现我们所关注的行业、产品或者环境所需要的改变。

1.3　UI 设计师需要具备的技能

　　企业是用人主体，需求的是技能人才培养的出发点和落脚点，UI 设计师需要具备什么技能？企业的招聘广告能初步反映该企业对某职位的要求，因此对招聘广告的分析可以看出企业对岗位职责和人员素质的要求，以及对相应技能的看重程度。我们来看两则来自智联招聘的招聘信息。

招聘广告 1

岗位职责：

1. 配合设计师完成设计任务；

2. 负责完稿项目的跟进；

3. 根据客户要求及创意稿设计出合理的方案。

职位要求：

1. 相关专业毕业，可熟练使用 Photoshop、Illustrator、InDesign 等平面设计软件；

2. 有进取精神，态度端正，人品好；

3. 有较强的沟通协调能力，以及良好的团队合作精神；

4. 有较强色彩搭配及审美能力，以及良好的美术功底和专业知识，能独立完成各项创意设计工作；

5. 有较强的创意、策划能力，以及良好的文字表达能力，思维敏捷。

招聘广告 2

一、岗位职责：

1. 负责官网、移动端、微信公众号的产品/活动界面的视觉图形设计；

2. 参与产品团队设计讨论，并提出设计改善方案；

3. 负责产品的视觉优化。

4. 参与从创意到执行产品周期的所有阶段；

5. 完成上级交办的其他设计类工作。

二、任职资格：

1. 专科以上学历，美术设计、视觉传达等相关设计专业；

2. 具有 3 年以上互联网产品（软件）界面（UI）设计经验，精通设计及网页制作软件，如 Photoshop 及 Illustrator；

3. 具有独特的思维创作能力，丰富的想象力及良好的视觉审美观；

4. 具有良好的团队精神及沟通能力，能承受较大的工作压力；

5. 熟悉一些 PC 端和移动端交互设计，具备一些用户体验知识；

6. 有良好的设计感觉和丰富的创意头脑，了解设计行业趋势，对业界最新的交互应用有见解。

分析招聘广告后可以发现职位 1 的岗位职责中包含配合完成和负责跟进等，职位 2 的岗位职责中包含负责设计和参与所有阶段等。由此可以看出职位 1 的工作难度低于职位 2，并且职位要求大多与制作图片相关，职位 2 则在此基础上还多了对前端页面的编写能力，所以职位 2 为 UI 设计师，而职位 1 仅为平面设计师。

由招聘广告的差异可以看出业界对 UI 设计（工程）师的要求远远高于平面设计师，UI 设计师更偏向于工程，而不是创意。因为其作品必须兼顾代码实现，并且贯穿了整个产品的生命周期。因此作为一个复合型人才岗位，UI 设计师不仅需要具备平面设计能力，即视觉能力，还应具有交互设计能力，甚至要明了更高层面的软件逻辑，以及软件架构和信息架构等。

简而言之，UI 设计师应当具备的技能如下。

（1）视觉设计：包括图形设计在内的软件产品外观设计；

（2）交互设计：主要在于设计软件的操作流程、树状结构、操作规范等。一个软件产品在编码之前需要做的就是交互设计，即确立交互模型和交互规范；

（3）逻辑设计：软件产品正常工作所必需的业务规则、验证规则、业务流程。

1.4　UI 设计的具体内容

在图形界面产生之前，长期以来 UI 设计师就是指交互设计师，交互设计师的工作内容就是设计软件的操作流程、树状结构、软件的结构与操作规范等。交互设计师一般以具有软件工程师背景的居多。在图形界面产生之后拓宽了设计人员的工作内容，加入了软件产品的产品外形设计，如色彩、布局等视觉设计内容。在移动互联网爆炸式发展过程中相关复合型人才严重缺乏，因此国内目前大部分 UI 工作者从事的都是这类工作。也有人称之为"美工"，但我们都知道其工作内容实际并不是单纯意义上的美术或者视觉设计。

由于 UI 设计涉及的学科广泛，所以作为 UI 设计的"主创"，UI 设计师的专业程度是决定作品质量的重要条件。UI 设计从工作内容上来说分为 3 个方向（主要由 UI 研究的 3 个因素决定），分别是研究工具、研究人与界面的关系、研究人。

与研究工具相关的主要工作是设计 GUI（用户图形界面），这是准确意义上的美工，只负责软件视觉界面设计。目前国内大部分的 UI 设计师其实做的是设计 GUI 并且大多出自美术院校，主要设计软件启动页、引导页等强平面设计类型的图片和其他业务类软件的视觉风格、icon、图标等，或者游戏类软件的原画、元素、装备等；此外还包括这些元素的集成效果、色彩方案和布局等。

和研究人与界面的关系相关的工作内容都是围绕用户行为而展开的，交互设计通过设计用户的行为，让用户更方便且有效地完成产品的业务目标，获得愉快的用户体验。交互设计主要负责以下 3 项工作。

（1）定义部分需求；

（2）定义信息架构和操作流程；

（3）组织页面元素，制作原型 Demo。

与研究人相关的工作其实就是研究用户，了解用户的行为习惯并收集用户的偏好，以及用户的思维。然后根据用户研究的反馈进行合理的用户需求推演、预测，避免产品上线后用户因为操作习惯等原因无法接受该软件。工作的主要内容既包括在产品或项目立项阶段的前期调研和竞品分析，也包括产品设计阶段的需求分析和管控，还包括产品上线之后种子用户和试用用户的试用与测试，以及分析用户反馈。

1.5　找准自己的位置

为适应市场需求，软件产品开发更倾向于能快速提供更新版本的模式，如瀑布模型、迭代式开发、螺旋模型、敏捷开发，这些开发模式的共同点就是具有更高的成功率和生产率。

新的开发模式需要高效的软件开发团队，通过建立合理的开发流程促成团队成员密切合作。团队成员可以共同迎接挑战，有效地计划、协调和管理各自的工作以完成明确的目标。项目的开发工作，尤其是大中型项目的开发已经成为多个岗位共同协作才能达成目标的工作。

软件类 IT 公司通常包括市场部、产品部、开发部、测试部、运维部等部门，拥有市场人员、设计人员、开发人员、测试人员、运维人员等岗位群，如表 1-1 所示。

表 1-1　软件类 IT 公司通常包括的部门、岗位及职责

部门	岗位	职责
市场部	市场经理 市场专员 市场分析员	市场调研 发掘市场需求 市场推广 分销策略 品牌运作 客户支持
产品部	产品经理 产品设计工程师 UED 设计工程师 UI 设计师 美工（图形设计师）	产品规划 产品调研/需求管理 产品定位 产品定型 价格策略 产品促销 产销协调
软件/硬件开发部	设计经理 系统工程师 开发工程师	架构设计 设计实现
软件/硬件测试部	测试经理 测试工程师	关键技术的验证 重大缺陷的验证 稳定性验证 融合性验证 易用性验证
运维部	运维经理 运维工程师	监管系统日常运营 整理用户反馈 提交版本升级需求

UI 设计师不过是整个开发过程相关岗位中的一个，UI 设计也只是其中的一个环节。一方面 UI 设计师需要协助其前序岗位的工作，并完成自己岗位的工作；另一方面需要理解后续岗位的工作内容，交付充分而又必要的文档。

具体来说，UI 设计与产品设计、UED 设计之间应无缝衔接，即时刷新产品需求、流程图、原型等。一般产品设计流程包括不同的阶段，涉及的范畴内容也不一样。作为设计师面对所有步骤不能一蹴而就，而要按部就班，按计划行事。例如，在视觉设计环节设计师应主动拿出多个备选方案而不是只拿出唯一的方案，并且只有将想法用画面来表达才是够格的设计师。

适当时，UI 设计也需要为开发人员开启更多的话语权，避免做更多的无用功（返工）；同时注重视觉规范、视觉标注、视觉控件库的整理与输出，目的只有一个。即指导开发让设计 100％还原落地。

在大中型项目开发过程中设计团队则和开发团队的协作通常会遇到两种情况，一是开发团队对项目有丰富的经验，而设计团队则经验少，如此会导致开发团队话语权大于设计团队；二是设计团队拥有多个项目的设计经验，并有一定的设计沉淀累积，则其话语权大于开发团队。

不论怎样，规范的设计过程与规范输出能为开发团队提供更多正确的方向引导，因此借鉴开发团队以往的宝贵经验，如设计文档的共享与即时性、设计规范的专业性、开发众人认同的设计规范指导开发、设计相关问题单的及时跟踪与解决、设计需求变更流程等，都能有效地指导开发，提高产品开发落地的还原性，以及开发效率和成功率。

1.6　领悟 UI 设计

在 UI 设计的核心内容中，交互设计和逻辑设计主要以流程图方式实施和展示。视觉设计则聚焦在狭义的 UI 设计环节，也就是从线框图设计到高保真图设计和切图环节。

产品经理或产品设计工程师完成逻辑设计和交互设计环节的标志就是发布了原型，以及其他配套设计文档。对于大公司而言，原型很有可能就是交付给视觉工程师的接口文档；对于中小规模企业来说，原型就是 UI 设计师第 1 阶段工作的成果和第 2 阶段工作的起点。示例 1 和示例 2 分别如图 1-3 和图 1-4 所示。

原型可以用 Axure、MockPlus 或墨刀等工具制作。一个项目的原型一般包括两个部分，即前台页面（App）和后台页面（网页，用来审核和营运）。为了便于组织和发布，也存在根据角色管理文档的情形。

从原型可以看出每个页面的元素、布局，也代表功能的完备。而交互和跳转通常采用指向性箭头表达，如图 1-5 所示。

图 1-3　示例 1

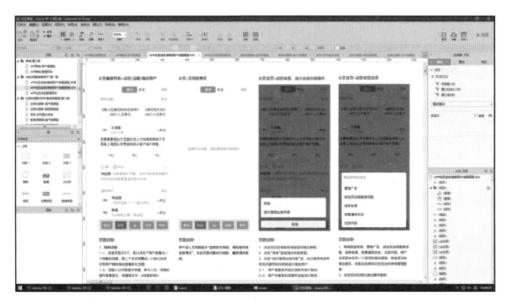

图 1-4　示例 2

当 UI 设计师拿到这两个原型后，就可以开始和其他设计师或者产品经理一起确定设计规范，如图 1-6 所示。

确定设计规范之后，开发团队可以由多个设计师协同设计完成所有的页面。

接下来开始设计界面，如图 1-7～图 1-9 所示界面示例 1～3。我们需要设计 3～5 个界面，然后和相关环节的负责人确认。

对于需要管理后台的软件来说，App 设计之后要同步设计后台页面，示例如图 1-10 所示，大多数情况是网页端界面。

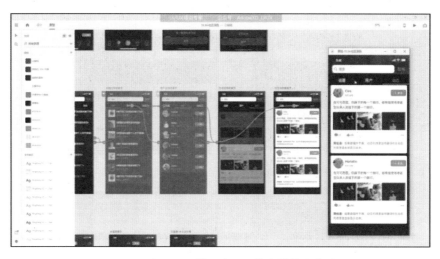

图 1-5　交互和跳转通常采用指向性箭头表达

图 1-6　确定设计规范

图 1-7　界面示例 1

图 1-8　界面示例 2

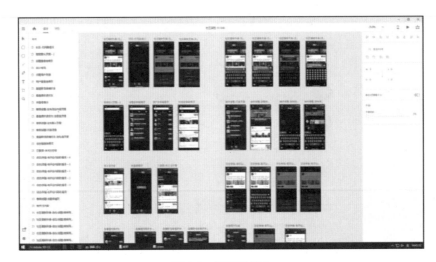

图 1-9　界面示例 3

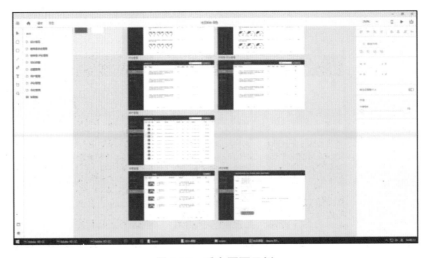

图 1-10　后台页面示例

到此前后台页面都已设计完成，但是 UI 设计师的工作仅仅完成了一半。接下来需要把所有设计稿上传到演示平台，如蓝湖或 Zeplin，以便于程序员可以直接下载切图及查看尺寸标注，如图 1-11 所示。

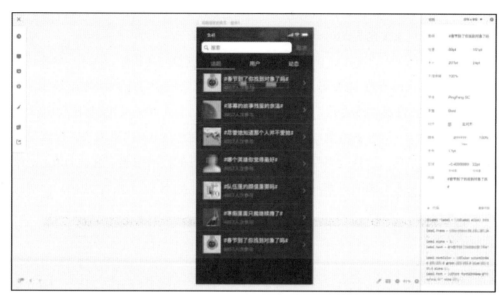

图 1-11　UI 演示平台示例

当程序员开始写代码的时候，UI 设计师也要开始设计动效了。接下来要制作交互动画，让程序员能够理解页面的交互体验的效果，想给用户以什么样的点击体验，如图 1-12 所示。

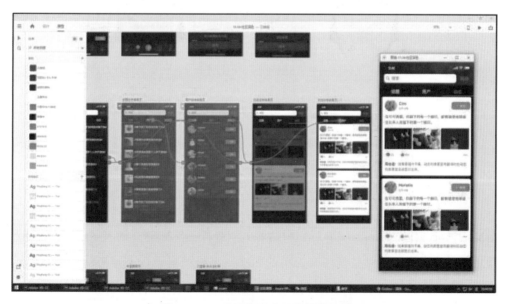

图 1-12　UI 交互和响应动效设计示例

UI 设计工作完成后 UI 工程师开始进入走查阶段，即检查每一个程序员的实现效果是否符合自己的设计预期。如果不符合，则要求相关人员修改和完善。

UI设计的核心是大量使用官方规范，然后做程序所允许的创新。整个过程最难的就是融会贯通地使用软件作为工具，把体验流程串起来，包括PS修图、AI做小图标、AE做微动画、XD/Sketch做设计和交互体验、脑图和墨刀做交互框架、蓝湖做研发协同等。

在UI设计工程师和程序员沟通过程中矛盾和鄙视链不可避免，经常会出现谁比谁重要，以及谁的意见更重要之类的讨论，这里介绍一个例子。

Virus Shield于2014年在Android应用市场上架，这款应用程序（App）号称可实时扫描、保护个人资料，售价为3.99美元。上线短短一周即吸引全球下载次数超过一万次，有3万多人下载，收益将近4万美元。

据报道，这款应用程序竟然无丝毫作用。它只由百余行Java代码组成。也就是说除去各种占据一行的大括号，这款应用程序一共只由不到百行的代码构成。简单来说，它唯一的功能便是点击一个划着红叉的盾牌，然后它会变成红钩，如图1-13所示。

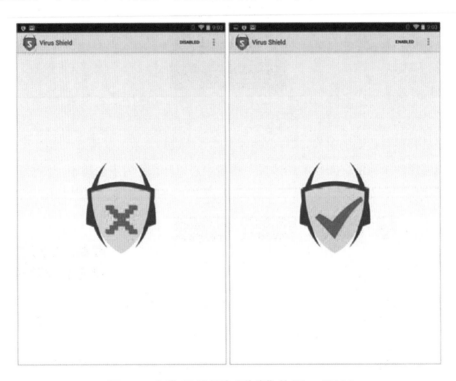

图1-13　仅靠UI就创造"传奇"的Virus Shield

揭穿该App骗局的Android Police网站指出消费者一旦花费3.99美元下载Virus Shield并启动之后，荧幕画面上仅呈现一个简单的图案。点击图案后，该画面从"×"变成符号"√"，让用户误以为手机已经完成扫描工作，但该程序实际上却没有启动任何防护运作。Android Police网站指出此App开发者是诈骗惯犯，曾因在某在线论坛中诈骗在线游戏宝物而被取消会员资格。此事件已受到谷歌及全球开发人员的关注，这是一个很值得UI设计工程师深思的案例。

1.7　课后习题

1. 收集生活中见到的一个对比同类产品使用最方便的指示牌/小设计等，以及一个使用最不方便的指示牌/小设计等，交付件为图片及简略说明。

2. 采用列举个人兴趣的方法在软件业内对自己进行定位。

3. 选择一个 App，用 MockPlus 软件用线框图的方式临摹其界面。

世界上公认的第 1 部智能手机 IBM Simon 诞生于 1993 年，它由 IBM 与 BellSouth 合作制造。这款手机像个人计算机一样，具有独立的操作系统和运行空间。可以由用户自行安装软件、游戏、导航等第三方服务商提供的程序，并可以通过移动通信网络来实现无线网络接入。自此大众消费者日常都能接触到移动设备用户界面，并且根据统计每天手机开启时间超过 3 小时的超过 84％。这意味着 1993 年之后出生的人至少拥有 20 年以上移动设备用户界面的用户测试经验，都是"资深"专家。

根据认知心理学分析，人人都具备 UI 设计资质，天然具有美丑意识，以及色彩鉴赏和交互分析能力，因此人人都是 UI 设计师。在本章中读者将可以在零基础的情形下，快速完成一个项目的 UI 设计，从而领悟到"人人都是 UI 设计师"的精髓。

2.1　项目信息

UI 设计是紧紧围绕用户和用户需求量身定做一套合适的人机界面，因此 UI 设计的原动力就是客户需求。明确了客户需求，UI 设计工作就算是开了一个好头。我们都知道 UI 设计不是纯粹为了让界面好看，也不是纯粹"秀"平面设计技术。执行得好的项目必须先有需求，再有设计，这也是 UI 设计的第 1 原则。

作为案例，我们跳过用户调研和需求管理环节，直接以飞鸿在其大学阶段做的项目为例。本项目的目标是设计一款即时通信工具，类似于微信、WhatApp、Line 等，但功能更为简洁。具体来说，我们希望具有以下功能。

（1）因为必然存有多个联系人，因此可以用某种方式展示多个联系人；

（2）开启每个联系人的通话记录；

（3）在界面上能跳转到设置等界面；

（4）在界面上开启邮箱等功能。

2.2　整理需求

此时飞鸿需要用一种方式来梳理和组织软件角色，以及相应的功能，他回想起了在学习"软件工程"课程时所学的 UML 用例图，如图 2-1 所示。

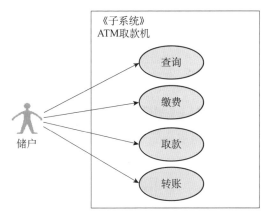

图 2-1　用 UML 用例图梳理角色和功能

用例图能非常清楚地指出其角色，以及角色对应的功能，并且还用框将相应功能所属的终端或模块表达出来。

当然，用例图并不是整理需求的唯一方法，只要能有效组织需要的信息就是合适的方法。比如有的人习惯用 Word 或者 WPS 进行管理，有的人习惯用脑图，如图 2-2 所示。

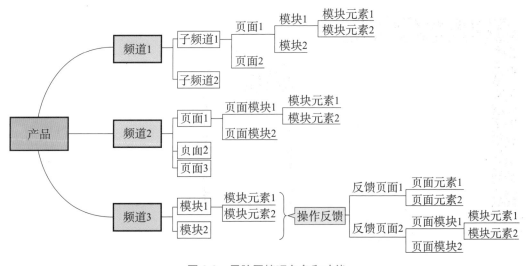

图 2-2　用脑图梳理角色和功能

2.3　绘制用户界面

如前所述，对于一个拥有 20 年产品体验设计经验的资深移动软件界面非专业设计人士来说，下一步当然是设计产品界面。

UI 界面设计我们在前序 Photoshop 相关课程中已经有所涉及，当时我们的主要任务是根据样图设计成高精度的设计文件。而我们手上没有设计文件。

问题，终归是有解决方法的。

飞鸿想到了手绘，手绘所需要的界面，然后再在 Photoshop 中进行绘制。在简单分析后，基于前一节所提到的需求，飞鸿手绘出基本的界面图形，如图 2-3 所示。

这些图形基本上由线条和方框组成，部分区域还用彩铅进行了涂色。再加上表示跳转关系的箭头，看起来还是挺不错的。

基于手绘的草图，飞鸿在 Photoshop 中完成了界面的设计文稿，如图 2-4 所示。

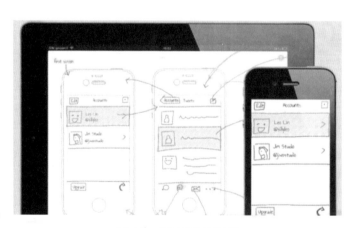

图 2-3　手绘线框图示例　　　　　　　图 2-4　高保真图示例

2.4　交付和总结

飞鸿在此次项目实施过程中，最终实现了从创意到落地的一个基本流程，并且在执行过程中，着重从两个方面对项目进行了把控，一是成功划定了用户需求和产品边界，并采用了相对专业的方法对需求进行管理；二是根据需求，绘制了界面草图，并且利用 Photoshop 绘制了设计稿。

本次实施的交付件，如表 2-1 所示。

表 2-1　本次实施的交付件

口语化名称	规范名称	备　注
UML 用例图	需求文档	梳理、管理用户需求的文档，可以用多种软件制作
Photoshop 设计	高保真图	结合视觉设计所定稿的风格设计为最终使用的用户界面，在此基础上再进行切图，可以供开发过程中使用
手绘草图	线框图	由线条和方框组成，用于表达 UI 元素、布局等，并作为原型的基础文档

飞鸿承担产品经理职责，负责的是一个作业型的项目。纵观整个项目的实施过程，该项目经历了需求整理、绘制用户界面和交付等关键环节。三个环节的划分逻辑是常见新手碰到软件产品设计工作时的下意识行为：明确要做什么、做成什么样子、怎么交付。对于普通人而言，即便是首次接触到软件产品设计或 UI 设计工作，基于他们长期使用电子产品和使用应用软件的经验，都能很明确地对这些阶段进行分割。从这个意义上说，存在"人人都是产品经理"的提法毫不意外，也很能鼓舞人心。

2.5　复盘

看似合理的交付和总结恰恰是因为缺乏专业软件产品设计和 UI 设计技能而做出的，若我们以上帝的视角来看这一次 Quick Start 实践，可以发现存在不少问题和有待改进之处。

1. 缺失用户故事（User Story）

一个用户故事就是一个功能或者特性的需求（Requirement），描述清楚一个用户故事通常只需要一两行字，最多 5 行。一个用户故事通常是最简单的可能性需求，有且只能有一个功能或特性。

最经常使用的标准格式如下：

作为一个用户/客户角色，我想要达到的目标是什么，以及达到目标的原因。

例如：

作为社交工具微信的用户，我想要在聊天对话框中有一个拍照功能可以让用户自拍和发照片，那么我就可以和朋友一起相互发照片。

本次实践完全缺失用户故事，这也是在整个实施过程中未见到测试环节的原因。与测试相关的知识自成一个体系，但我们必须要知道用户故事源于特性，也是测试用例（Test Case）的基础。

疏漏会带来返工，甚至会产生重大的设计事故，也是设计周期失控的重要根源之一。因此在实施的每个环节的末期都必须将用户故事通盘运行一遍，以便及时发现设计中的疏漏。

2. 需求管理轻视业务流、物流和现金流

本实施的需求文档重点是边界划分，包括需求边界和产品边界，在详细的用户需求表达方面有所欠缺，如并未描述每个需求的具体情形。一方面整理本文档时，并未从业务流、物流和现金流等多维度进行细化；另一方面缺乏需求文档的搭档 Spec 文档，也就是"用户需求规格表"。

比如在瀑布模式下，需求文档的篇幅很长，在产品阶段就有 200 页甚至更多。但是在敏捷模式下则不同，因为需求都是小的功能或者模块（Feature），产品都是循序渐进地一步一步准备的（Sprint）。

3. 线框图设计思虑不周全

新人在设计线框图时思虑不周全是很容易犯的错误，这很大程度上是由设计经验不足、不了解业务造成的。如果是因为缺乏经验而出现这样的问题，则情有可原。但我们更要提防在掌握了设计流程后，为了节约时间或惧怕麻烦而故意跳过这些环节的行为。

新人拿到需求时，通常脑海里立刻就会出现多个方案。简单斟酌以后，认为方案 A 更加合适并且画线框图也不复杂。于是就不假思索地选择了方案 A，画起了线框图。由于做得很快，所以认为自己的设计效率高，对自己很满意。

其结果是到了审稿时，就会遭到各种质疑，产品经理会问为什么不选择方案 B？开发人员也会问为什么选择方案 A？方案 A 实现难度大且性价比不高。由于之前没有仔细思考其他方案的利弊，所以很难应对人们的质疑，显然这次的设计思考及方案是失败的。

新人总在无意之中把注意力过多地集中到视觉层面，而忽视了功能设计，而功能设计才真正是线框图阶段最紧要的工作。视觉层次最先，也最容易被感受和判断，所以容易被吸引过去。例如，视觉设计是否符合最新的潮流、能否得到很多赞，以及是否扁平、渐变等。初级设计师容易陷入这种让视觉满足过分占据大脑的错误状态之中。

这必须依赖另一个专业设计工具来加以保证即 UI 流程图，这个工具后面会详细介绍。

4. 有线框图，无原型

线框图可以说是原型（Prototype）的一种，而原型可以在线框图的基础上进行细化和设计。从演示效果来说，线框图用于静态展示，而原型则用于动态的可交互式展示。从功能上来说，原型代表了最终产品，常用于潜在用户测试；线框图常用于项目初期，展示布局和功能，用于讨论和反馈。

原型除了作为项目演示的功能，常常也用于产品正式开发前的用户测试，它可以极大提高团队内部沟通效率和加强高保真图绘制前的用户测试。

早期的原型测试可以节省相当多的时间和开发成本，一个附有并可增加批注、可团队协作的原型更加有利于设计师和开发人员之间进行沟通，省去了来回修改、大量发送图片和 PDF 文档等烦琐的步骤。开发人员，可以在经过反复测试的原型基础上拿出更加完善的代码实现方案，而不至于浪费开发成本和精力。

5. 缺失视觉稿

视觉稿（Mockup）是高保真的静态设计图，通常就是视觉设计的草稿或终稿。优秀的视觉稿用来表达信息框架，静态演示内容和功能，并帮助团队成员以视觉的角度审阅项目。

值得一提的是，国内优秀的线框图设计软件 MockPlus 的名称与视觉稿的英文同源，但其并非设计视觉稿的推荐软件。

视觉稿通常用来与产品主创人员确认设计风格、设计规则等，它的存在可以有效防止在整个项目的高保真图完成之后却发现产品设计风格与主创的想法不一致，以及与产品定位不一致，从而造成返工和损失，也因此有可能错过产品的最佳时间窗。

6. 缺失 UI 字典

数据字典是指对数据的数据项、数据结构、数据流、数据存储、处理逻辑等进行的定义和描述，其目的是对数据流程图中的各个元素做出详细的说明，用数据字典于简单的建模项目中。简而言之，数据字典是描述数据的信息集合，是对系统中使用的所有数据元素的定义的集合。

而 UI 字典正是仿照数据字典的提法为 UI 设计流程设定的一个名称集，其集中约定了各种角色名称、业务名称、操作名称等专用名词和术语，从而确保在团队协作过程中不会造成用词混乱。

7. 缺失测试环节

用户界面测试是指测试用户界面的风格是否满足客户要求、文字是否正确、页面是否美观、文字和图片组合是否完美，以及操作是否友好等。UI 测试的目标是确保用户界面通过测试对象的功能来为用户提供相应的访问或浏览功能，并且确保用户界面符合公司或行业的标准，包括用户友好性、人性化、易操作性测试。

用户界面测试要分析软件用户界面的设计是否合乎用户期望或要求，通常包括菜单、对话框及按钮、文字、出错提示、帮助信息（Menu 和 Help content）等方面的测试。比如，测试 Microsoft Excel 中插入符号功能所用的对话框的大小、所有按钮是否对齐、字符串字体大小、出错信息内容和字体大小、工具栏位置/图标等。

分析后可以发现原本看起来还算成功的实施过程居然存在 7 个重大缺失，因此我们既要认识到自己具备相当的天赋来设计软件；同时也要认识到 UI 设计是一门科学而缜密的学科，需要有完善的流程意识和构图、排版、色彩、图形等方面的专业知识，还需要具有相当的业务流程理解能力。我们不仅要成为专业的设计人员，而且还要成为该领域的专业级用户。只有储备多方面的能力，才能设计出具有良好体验的软件产品。

2.6　课后习题

1. 根据本章内容整理总结一个 UI 设计流程。

2. 整理一个交付清单 Excel 表，并消化它。

3. 对照 App 或者网页，将其转换成手绘线框图（要求用 A4 纸直接手工绘制，重要文字要直接写出来，不重要或者小的字则抽象成线条。整个外形和布局要遵从这些规则，并且要做好）。

约定表达方式如粗文字（\ / \ / \ /）、细文字（——）、按钮（左上有下脚涂黑）、简单文字（直接写）、灰色区域（用手指涂黑）、简单图案（画出来）、大图片（十字交叉占位符），需要手工操作处画上手指头和手势，以及局部放大的表示方法。

什么是用户体验至上？很多人把这个挂在嘴上，但极少有人做到过！我们是否真正站在用户的角度认真思考过？用户的需求是什么？除了满足用户需求还能提供什么？这里要说的一个理念是用户体验其实是用户的一种主观感受，其核心是不是你做了什么，而是让用户感受到了什么。

用户体验重在细节，因此其设计需要一整套流程来把关。提供良好的体验需要从了解用户开始，直至以用户习惯的方式组织信息架构，设计交互环节并最终达成 UED 理念。

3.1　UI 设计流程概述

3.1.1　关于流程

从传统 UI 到移动终端 UI，设计方法和体验设计并未如一些业内人士所说发生了质变而演进为一个全新的设计领域。传统 UI 设计中的设计流程和设计方法完全可以继续使用，只不过需要体现出移动终端的新特性。比如，界面面积有限、用户操作必须依赖手指端、使用场景复杂等。

1. 高效率需要设计流程作为基础

典型的设计流程包含需求分析、概念设计、初稿、详细设计和测试等环节，每个环节通常会围绕其目的，利用特定的推进形式、方法或管理工具获得满足要求的输出文档或设计。进一步细分，则流程包含的环节为市场分析、创意阶段、用户研究、概念设计、设计控件预设、交互设计、交互 Demo、用户测试、视觉预研、视觉设计、设计 Demo、用户验证测试、前端开发、开发 Demo、展示 Demo、迭代、用户测试、测试数据回收、用户数据验证、灰度、全量、项目总结、规范输出、控件库及用户跟踪反馈等。

为确保流程得到有效实施，通常会采取以下工具和手段。

（1）有效的管理工具。

好的管理工具能够帮助团队规范化管理，我们为自己量身打造了一系列工具来提高设计管理的效率，如 Prowork、Tower、TAPD、UID 等，它们能提供项目流程、工作任务、文档等一系列线上管理。

（2）敏捷式项目管理。

通过关注设计效率、改进工作方式及修正设计流程促使团队高效、快捷地响应任务。

（3）提炼式操作。

针对不同的产品预期与目标灵活操作，设定不同的流程路径。

（4）持续改进。

定期对项目流程进行回归、探讨、调整是非常重要的。

总之，设计流程是为了更好地顺应设计的执行而非约束设计，在实际的操作过程中需实时把握每个设计项目的特点，使得设计项目流程顺畅。

2. 遵从设计流程，但不可作茧自缚

在现实世界中的项目大小不同并且公司规模也有差别，因此多数时候并不能完全照搬上述设计流程。在这种情况下需要具体问题具体分析，因时制宜地定制自己的流程，忽略上述流程的某个或者某几个环节、打乱上述环节的策略等都是可行方案。看起来设计流程并不可控，究其根源是因为设计不是完全理性和可工程化的。

一个项目的 UI 设计工作环节大致相同，其产出也类似，UI 工程师的常见工作产出如图 3-1 所示。

图 3-1　UI 工程师的常见工作产出

因为公司规模差异，每个公司都会结合自身岗位设置、人员状况而划分成不同的阶段并有相应的工作内容，如表 3-1 所示。

表 3-1　UI 工程师工作内容表

阶　　段	工作内容
需求分析	市场调查、应用定位、用户分析
概念设计	绘制原型草图
设计初稿	低保真图、交互图、中保真图
详细设计	高保真图
测试	可用性评价、用户调研

3.1.2　关键步骤

一个项目的 UI 设计本质上就是一个子项目，因此在讨论实施步骤时套用项目管理思维非常有必要。我们需要做的事情是应用一系列知识、技能、工具、技术来完成项目，也就是项目管理。

既然是项目管理，我们必须要认识到其过程具有以下特点。

（1）有特定目标，具有不同程度的复杂性和一次性。

（2）有时间、资源和预算的限制，在一定生命周期内。

（3）有某一个核心，可以找到"可交付成果"，具体可见及可以验证的工作结果。

具体来讲，项目管理总体有 5 个过程：启动过程、计划过程、实施过程、控制过程、收尾过程，包含了 9 大领域的知识，即范围管理、时间管理、成本管理、质量管理、风险管理、人力资源管理、沟通管理、采购管理及系统管理的方法与工具。针对 UI 设计的特点，我们将项目管理的 5 个过程和 9 大领域更新为几个环节，并且分别做了分解，如图 3-2 所示。

具体到实施的环节上，用户体验关注的是产品如何与外界"发生联系"（接触）并"发挥作用"（使用），此项工作繁复，模型化有助于形成范式。在此我们采用"用户体验五要素"交互设计模型进行讨论，如图 3-3 所示。

1. 战略层——产品目标和用户需求

成功用户体验的基础是一个被明确表达的"战略"，知道企业与用户双方对产品的期许和目标，有助于确立用户体验各方面战略的制定。

2. 范围层——功能规格和内容需要

带着"我们想要什么"及"我们的用户想要什么"的明确认识，我们就能弄清楚如何满足所有这些战略层的目标。当把用户需求和网站目标转变成网站应该提供给用户什么样的内容和功能时，战略层就变成了范围层。

3. 结构层——交互设计与信息架构

在收集用户需求并将其排列好优先级别之后，我们对于最终展品将会包括什么特性已

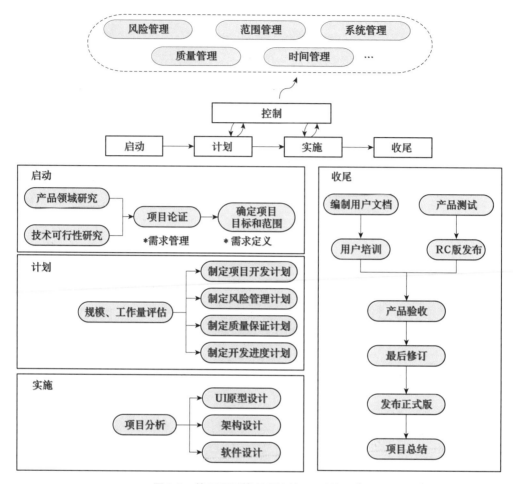

图 3-2　基于项目管理理论的 UI 设计环节

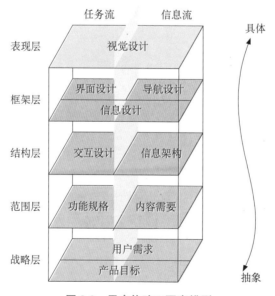

图 3-3　用户体验五要素模型

经有了清晰的图像。然而这些需求并没有说明如何将这些分散的片段组成一个整体，因此要为产品创建一个概念结构。

4. 框架层——界面设计、导航设计和信息设计

在充满概念的结构层中开始形成了大量的需求，这些需求都是来自战略层目标的需求。在框架层要更进一步地提炼这些结构，以确定很详细的界面外观、导航和信息设计，从而让结构变得更实在。

5. 表现层——视觉设计

表现层处于 5 层结构的顶端，我们把注意力转移到网站用户会先注意到的那些方面，即视觉设计。在此，将内容、功能和美学汇集到一起来产生一个最终设计，这将满足其他 4 个层面的所有目标。

（1）换个角度：UCD。

UCD（User-Centered Design，以用户为中心的设计）是创建吸引人且高效的用户体验的方法。在开发产品的每一个步骤中都要把用户列入考虑范围，并把用户体验分解成各个组成因素，从不同的角度来了解它。

（2）用户体验为何如此重要。

① 用户习惯：交互的元素来源于生活，不要企图挑战用户的习惯，设计来源于生活。

② 统一性：保持整个风格的统一性，要让用户感觉到在同一个产品中。

③ 导航设计：为扫描而设计，永远保证用户没有迷路（面包屑原理）。

④ 数值设定：既能感受到每个阶段的差别，又不会很快全部被满足。

⑤ 分类设定：同一级别要保持一致，采用动宾结构。

⑥ 数据反馈：倾听用户的声音。

（3）执行流程图。

基于项目管理理论和交互设计模型，我们将整个 UI 设计过程整理成一个流程图。该图以每个环节的交付件作为链接点进行设计，如图 3-4 所示。

3.1.3　交付件

无论是在程序设计，还是在网站建设中文档的作用不容低估。应该说只有通过文档，才能够总揽全局并把握细节。文档就像建筑中的图纸，它告诉编程人员需要实现的功能，以及实现功能的过程，属于程序设计的范畴。编写文档的过程属于构建程序框架，是网站结构的设计过程。有一份详细的设计文档不但实现起来速度快，并且功能模块的设计会比较接近合理。因为程序员对全局有一个详细的了解，知道功能模块如何搭配；而如果没有图纸，再高明的能工巧匠，也不知道大楼要如何盖。

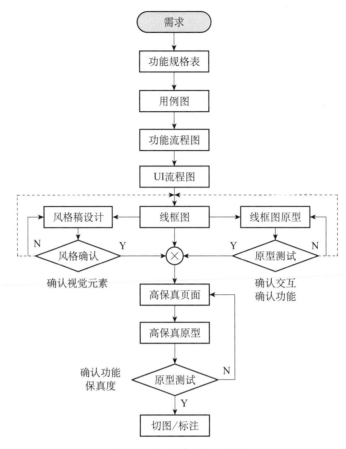

图 3-4　UI 设计工作流程图

因为文档如此重要，所以应在设计过程中牢牢把握。UI 设计工作关键步骤如表 3-2 所示。

表 3-2　UI 设计工作关键步骤简表

关键步骤	聚　焦	交付件	方　法
需求管理	需求挖掘 需求讨论 竞品分析	产品需求白皮书 可用性报告 竞品分析报告	头脑风暴 用户调查 焦点小组
概念设计	用户特征分析	用户特征描述 设计初稿	场景 用例
设计初稿 详细设计	需求讨论 竞品分析	用例图 功能流程图 UI 流程图 设计输出	特性 功能流程 评审会
产品测试	产品验证	内部测试报告 外部测试报告 专业总结 项目总结	规范整理 可用性测试 界面检查

基于用户体验五要素模型的交付说明图如图 3-5 所示。

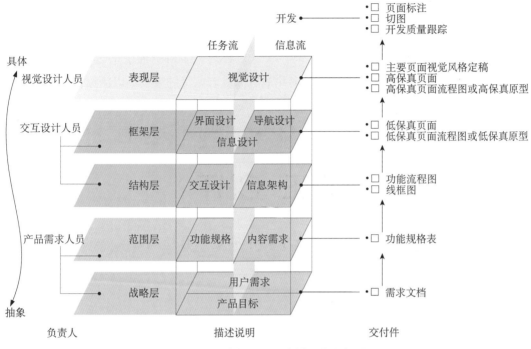

图 3-5 基于用户体验五要素模型的交付说明图

3.2 影响感知的三条规律

影响感知的三条规律如下。

1. 经验影响感知（Priming Effect，启动效应）

例如，一家红酒公司的广告单如图 3-6 所示。

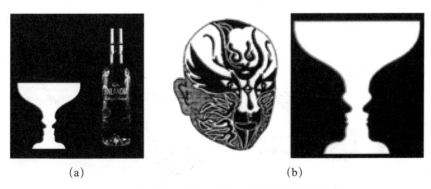

图 3-6 经验影响感知示例——红酒公司的广告单

看图 3-6（a）中的广告效果，可以很快识别出图中的两个要素，即酒杯和酒。

然而当你路过一个京味儿很浓的艺术品店时，可以从图 3-6（b）中识别出一个传统的京剧脸谱和两个人脸剪影。可事实却是在此两幅图中，人脸和杯子部分的图片是完全一样的。这就是认知，即人最正常的基于经验来识别自己所见物体的规律。

2. 环境影响感知（Halo Effect，光环效应或晕轮效应）

当我们试图理解视觉如何工作时，很容易认为它是一个自下而上的过程，即将边、线条、角度、弧线和纹路等基本要素组成图案并最后形成有意义的事物。以阅读为例，如图 3-7 所示，假设我们的视觉系统首先识别字母并把它们组合成单词。再将单词组合成句子，如此继续。

THE CHT

H还是A

研表究明，汉字的序顺并不定一能影阅响读

人脑纠错

图 3-7　环境影响感知示例

但视觉感知，尤其是阅读不完全是一个自下而上的过程，其中也有自上而下的作用。例如，包含某个字幕的单词能影响我们对这个字幕的判断。与此类似，我们对一句话或者一段话完整的理解甚至不依赖于原本的词语。

周围环境对感知的影响也同样存在不同于感官之间，5 个感官任何之一的感知都可能同时影响其他感官的感知。例如，我们听到的能影响我们看到的，反之亦然；另外我们听到、看到或者闻到的能影响我们的触觉。

3. 目标影响感知

除经验和当前环境会影响感知，我们的目标和将来的计划也会影响感知。具体地说，目标会过滤我们的感知。即与目标无关的东西会被提前过滤掉，而不会进入意识层面。

一个小测试便可以发现人性的这个弱点。请在图 3-8 所示的工具箱中找剪刀。

图 3-8　目标影响感知示例——工具箱

请回答图中有没有螺丝刀？

大部分人很显然已经忘了除剪刀之外的其他物件，这就是受目标影响的感知过程。

这一点，相信很多人平时都会有所体会，尤其是成年人。目标对感知的过滤在成年人身上体现得特别明显，他们比儿童对目标更专注。儿童更容易被刺激驱使，目标较少地过滤其的感知。

当前的目标影响我们的感知的机理如下所述。

（1）影响我们注意的对象：感知是主动的，不是被动的。它不是对周围事物的简单过滤，而是对世界的体验及对需要理解东西的获取。我们始终移动眼睛、耳朵、手、脚、身体和注意力寻找周围与我们正在做或者正要做的事最相关的东西。如果在一个网站上找园区地图，那些能够引导我们完成目标的对象就会吸引我们的眼睛和控制鼠标的手并且会或多或少地忽略掉与目标无关的东西。

（2）使我们的感知系统对某些特性敏感：在寻找某件物品时，大脑能预先启动感官，使得它们对要寻找的东西变得非常敏感。例如，要在一个大型停车场找一辆红色轿车。红颜色的车会在我们扫视场地时跃然而出，而其他颜色的车就几乎不会被注意到，即使确实看到了它们。类似地，当我们试图在一个黑暗拥挤的房间中寻找自己的伴侣时，大脑会对我们的听觉系统进行"编程"，从而对她或他的声音的频率组合非常敏感。

3.3　格式塔原理

20 世纪早期，一个由德国心理学家组成的研究小组有一个最基础的发现是人类视觉是整体的。即我们的视觉系统自动对视觉输入构建结构，并且在神经系统层面上感知形状、图形和物体，而不是只看到互不相连的边、线和区域。"形状"和"图形"在德语中译为Gestalt，因此这些理论也就叫作"视觉感知的格式塔（Gestalt）原理"。本书从以下几个方面来讨论该原理。

1. 接近性

接近性原理说的是物体之间的相对距离会影响我们感知它们是否可以及如何组织在一起，互相靠近（相对于其他物体）的物体看起来属于一组，而那些距离较远的则不是。因此人眼会依据排布规律自动地将图标分组，如图 3-9 所示。

2. 相似性

格式塔相似性原理指出了影响我们感知分组的另一个因素，即如果其他因素相同，那么相似的物体看起来会归属于一组。

3. 连续性

我们的视觉倾向于感知连续，而不是离散的碎片，如图 3-10 所示。

图 3-9　格式塔原理接近性原则示例

4. 封闭性

我们的视觉系统会自动地尝试将敞开的图形关闭起来，从而将其感知为完整的物体而不是分散的碎片，如图 3-11 所示。

图 3-10　格式塔原理连续性原则示例　　　图 3-11　格式塔原理封闭性原则示例

5. 对称性

我们倾向于分解复杂的场景来降低复杂度，在视觉区域中的信息有不止一个可能的解析。但我们的视觉会自动组织并解析数据，从而简化这些数据并赋予它们对称性。

6. 主体/背景

主体/背景原理指出我们的大脑将视觉区域分为主体和背景，主体包括一个场景中占据我们主要注意力的所有元素，其余的则是背景。

7. 共同命运

前面介绍的格式塔原理都是关于静态（非运动）图形和对称性物体的，最后一个原理则涉及运动的物体。共同命运原理与接近性原理和相似性原理相关，都影响我们所感知的物体是否成组，该原理指出一起运动的物体被感知为属于一组或者是彼此相关的。

运动的图例无法用静态图表示，因此在工作中做同类分组传达信息时，要给它一致的活动规律展现形式。比如，同样功能按钮 HOVER 的效果一样，不至于让用户分不清同类选项。文件夹拖动时同时选中的文件夹出现的反白背景及运动轨迹是共同命运原理最直观的解释，如图 3-12 所示。

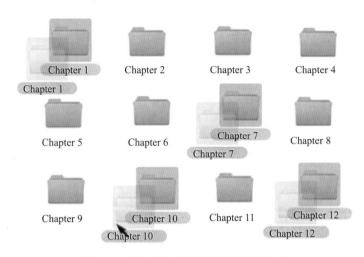

图 3-12　格式塔原理共同命运原则示例

在现实世界的视觉场景中各种格式塔原理并不是孤立的，而是共同起作用的，在工作中用每一条原理来考量各个设计元素之间的关系是否符合设计初衷。设计师是自己稿子的第 1 道 QA（质量保证）人员，我们不能做到让它人人称赞，但可以在常识问题上不犯错误。

3.4　人类生理局限

具有高智商和社会性的人类其实也是一个动物，具有动物天生具有的生理局限性，而这些生理局限性直接决定如何设计软件才能给用户带来最佳体验。

1. 阅读不是自然的

阅读其实是一种人造的并通过系统的指导和训练获得的能力，就像拉小提琴、玩杂耍或者读乐谱一样。阅读涉及识别特征和模式，模式识别可以是自下而上由特征驱动的，也可以是自上而下由上下文驱动的。

可以看出阅读其实也是一种技能，需要不断地进行训练。我们应该加大阅读量，一方面可以提高阅读速度，另一方面可以提高阅读质量。

我们应支持阅读，而不应干扰阅读，并且要尽量少让人阅读。能用图展示的尽量不用文字展现，尽可能为文字的阅读提供辅助性的帮助。

2. 人类色彩感知能力有限

人类的色彩感知既有强处，也有限制，其中不少与UI相关。色彩感知实验示例如图3-13所示。

A:

B:

图3-13　色彩感知实验示例

（1）我们的视觉是为检测反差（边缘）优化的，而不是绝对亮度。

（2）我们辨别颜色的能力依赖于颜色是如何呈现的。

（3）有些人色盲。

（4）用户的屏幕和观看条件会影响对颜色的感知。

3. 我们的边界视力很糟糕——中央凹

人类视野的空间分辨率是从中间向边缘锐减的，每只眼睛大约有600万视网膜视锥细胞。它们在视野的中央有一个很小的叫作"中央凹"的区域，它分布得比在边缘紧密得多。中央凹仅仅占视网膜面积的1%，而大脑的视觉皮层却有50%的区域用于接收中央凹的输入。

由于中央凹的视觉识别有一定的范围，所以导致出现边界视觉。边界视觉的存在主要是为了提供低分辨率的线索，以引导眼球运动，使得中央凹能够看到视野里所有有趣和重要的东西。我们的眼睛不是随机扫瞄环境的。眼动是为了使中央凹关注重要的东西。

4. 我们注意力有限，记忆力也不完美

对于记忆力，心理学家历来就将其区分为短期记忆和长期记忆，短期记忆涵盖了被保留从几分之一秒到几秒，甚至长达一分钟的信息；长期记忆则涵盖被保留从几分钟、几小时、几天到几年，甚至一辈子的信息。

长期记忆是可训练的能力，如果此神经记忆的模式越经常被激活，就变得越"强烈"。也就是说越激活它越容易，这意味着其对应的感觉就越容易被识别和回忆，神经记忆模式也能被大脑其他部分发出的刺激性或者抑制性的信号强化或削弱。

短期记忆是感觉和注意现象的组合，人类大脑有多个注意机制，分别是主动和被动的。它们使我们的意识专注于感觉和被激活的长期记忆中非常小的子集，而忽略所有其他部分。这个存在于我们"此刻"的意识中，来自感觉系统和长期记忆信息的非常小的子集构成我们短期记忆的主要部分，也被认知科学家称为"工作记忆"。短期记忆涉及注意的焦点，即任何时刻我们意识中专注的任何事务，它的最重要的特点就是低容量和高度不稳定性。

5. 对注意力、形状、思考及行动的限制

（1）模式1：我们专注于目标而很少注意使用的工具。

（2）模式2：我们使用外部帮助来记录正在做的事情。

（3）模式3：我们跟着信息"气味"靠近目标。

（4）模式 4：我们偏好熟悉的路径。

（5）模式 5：我们的思考周期为目标→执行→评估。

（6）模式 6：完成任务的主要目标之后我们经常忘记做收尾工作。

6. 识别容易，回忆很难

识别就是感觉与长期记忆的协同工作，套用计算机术语我们可以说人类长期记忆中的信息是通过内容寻址的。但"寻址"这个词错误地暗示了每个记忆都处于大脑中的某个具体位置，实际上每个记忆对应的是一个散布于大脑很大区域内的神经活动的模式。

与识别相反，回忆是在没有直接类似感觉输入时长期记忆对神经模式的重新激活，这要比用相同或者接近的感觉去激活要困难得多。用户能够回忆，因此显然能够从其他模式的神经活动或者大脑其他区域的输入重新激活对应某个记忆的神经活动模式。然而回忆所要求的协调与时间提高了激活错误模式或者只有部分正确模式被激活的可能性，从而导致无法回忆。

7. 我们有时间要求

系统的反应时间对用户体验具有重要影响，无法与用户的时间要求很好同步的系统不能称为"有效的工具"，并会被用户认为是反应不灵敏。高响应度的系统即使无法立刻完成用户的请求，也要让用户了解状况，系统的及时反馈非常重要。

在声音中我们所能察觉到的最短的沉默间隔为 1 ms，在短暂的事件和微小差距上，我们的听觉比视觉更敏感。

可能对我们产生影响（或许是无意识）的视觉刺激的最短时长为 5 ms，这就是所谓的潜意识知觉的基础。

挠反射的速度（对危险且非自主的运动反应）为 80 ms，它比对于一个感知到的事件有意识的反应快得多。

一个视觉事件与我们对它完整感知之间的时间差为 100 ms。

可使我们感觉一个事件产生另一个事件的连续事件之间最长的时间间隔为 140 ms。这是感知因果的最长时限。

从感觉上判断视野中 4～5 个物体的时间为 200 ms，平均每个物体 50 ms。

事件进入意识的编辑"窗口"的时间为 200 ms，识别了一个事物之后的注意力暂失（对其他事物失去注意）时间为 500 ms。

视觉—运动反应时间（对非预期事件的有目的的反应）为 700 ms。

用户对话中交换发言时的最长沉默间隔大约为 1 s，不受干扰地执行单一（单位）操作的时长为 6～30 s。

人类的生理局限已被很多科学家加以研究，并且提炼出很多有名的理论，与体验设计相关的理论有艾宾浩斯遗忘定律、克鲁门三打理论等。

3.5   其他相关理论

本节将介绍其他理论中最重要的 7 个，作为拓展，读者可以了解其他定律法则，如与费茨定律接近的 Steering Law 转向定律、Gutenberg Diagram 古登堡图法则，以及帕累托定律（80/20 原则）、三等分原则等。

不过这些定律法则被很多人认定为标准，但从实际出发这些定律法则可供参考或用于启发。设计人员不可照本宣科，必须加以实践才会深有体会。

3.5.1   费茨定律

费茨定律（有时译为菲茨法则）的内容是从一个起始位置移动到一个最终目标所需的时间由两个参数来决定，即到目标的距离（D）和目标的大小（W），用数学公式表达为时间 $T = a + b \log_2 (D/W + 1)$。

该定律在 1954 年由保罗·费茨首先提出来，用来预测从任意一点到目标中心位置所需时间的数学模型，在人机交互（HCI）和设计领域的影响却最为广泛和深远。操作系统 Windows 8 中由"开始"菜单到开始屏幕的转变背后也可以看作是该定律的应用。

费茨定律的启示如下。

（1）按钮等可点击对象需要合理的大小尺寸。

（2）屏幕的边和角很适合放置像菜单栏和按钮这样的元素，因为边角是巨大的目标，它们无限高或无限宽，用户不可能用鼠标超过它们。即不管鼠标如何移动，光标最终会停在屏幕的边缘，并定位到按钮或菜单的上面。

（3）出现在用户正在操作的对象旁边的控制菜单（右键菜单）比下拉菜单或工具栏可以被更快地打开，因为不需要移动到屏幕的其他位置。

3.5.2   席克定律

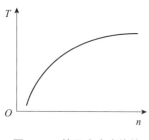

图 3-14   基于席克定律的
反应时间曲线

席克定律（也称希克法则）的内容是一个人面临的选择（n）越多，所需要做出决定的时间（T）就越长，用数学公式表达为 $T = a + b \log_2 n$，如图 3-14 所示。在人机交互界面中选项越多，意味着用户做出决定的时间越长。例如，相比两个菜单，每个菜单有 5 项，用户会更快地从有 10 项的 1 个菜单中做出选择。

席克定律多应用于软件/网站界面的菜单及子菜单的设计中，在移动设备中也比较适用。

3.5.3　"7±2"法则

1956 年美国心理学家乔治·米勒对短时记忆能力进行了定量研究，他发现人类头脑最好的状态能记忆含有 7（±2）项信息块。在记忆 5～9 项信息后人类的头脑记忆就开始出错，如图 3-15 所示。

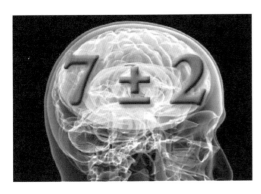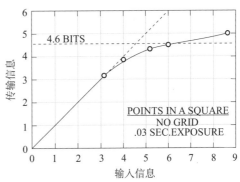

图 3-15　"7±2"法则的信息传输模型

与席克定律类似，7±2 法则也经常被应用在移动应用交互设计中，如应用的选项卡不会超过 5 个。

3.5.4　接近法则

接近法则（The Law Of Proximity）基于格式塔（Gestalt）心理学，认为当对象离得太近时，意识会认为它们是相关的，如图 3-16 所示。在交互设计中表现为一个提交按钮会紧挨着一个文本框，如果当相互靠近的功能块是不相关的话，则说明交互设计可能有问题。

3.5.5　泰思勒定律

泰思勒定律（Tesler's Law，又称为"复杂性守恒定律"）认为每一个过程都有其固有的复杂性，存在一个临界点。超过了这个点过程就不能再简化了，你只能将固有的复杂性从一个地方移动到另外一个地方，如图 3-17 所示。

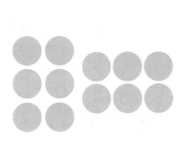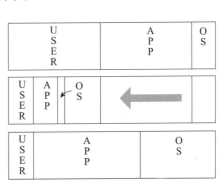

图 3-16　接近法则示例　　　　　图 3-17　泰思勒定律示例

如对于邮箱的设计，收件人地址是不能再简化的，而对发件人却可以通过客户端的集成来转移其复杂性。

3.5.6　防错原则

防错原则认为大部分的意外都是由设计的疏忽，而不是人为操作疏忽造成的。通过改变设计可以把过失降到最低。该原则最初用于工业管理，但在交互设计中也十分适用。如在硬件设计上的 USB 插槽在界面交互设计中也会经常看到。如果使用条件没有满足时，常常通过使功能失效来表示（一般按钮会变为灰色无法点击）。

图 3-18 所示为极客公园的评论功能块，在留言框中没有内容或邮箱格式不正确时无法获取验证码，只有两者都满足了才可以。

3.5.7　奥卡姆剃刀原理

奥卡姆剃刀原理（Occam's Razor，又称"简单有效原理"）被称为"如无必要，勿增实体"，即如果有两个功能相等的设计，那么要选择最简单的。如图 3-19 所示 UC 手机浏览器要发布第 1 个版本 UC 1.0，你会选择哪 5 个功能？

图 3-18　防错原则示例——极客公园的评论功能块

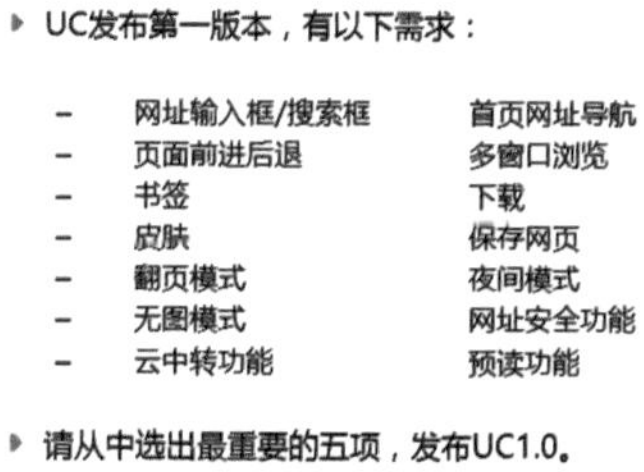

图 3-19　奥卡姆剃刀原理示例——UC 手机浏览器

3.6　用户研究

在互联网领域，用户研究主要应用于两个方面：是对于新产品来说，用户研究一般用来明确用户需求点，帮助设计师选定产品的设计方向；二是对于已经发布的产品来说，用户研究一般用于发现产品问题，帮助设计师优化产品体验。在这方面，用户研究和交互设计紧密相连。

在开展用户研究过程中应当解决好的几个问题是什么是用户研究？用户研究应该了解什么？如何了解用户？用户的定性与定量研究包括什么？用户研究不应该了解什么？

3.6.1　用户研究的定义

用户研究是用户中心设计流程中的第 1 步，是一种理解用户，将其目标、需求与公司企业的商业宗旨相匹配的理想方法。

用户研究的首要目的是帮助企业定义产品的目标用户群，即明确和细化产品概念并通过对用户的任务操作特性、知觉特征、认知心理特征的研究，使用户的实际需求成为产品设计的导向，以及企业公司的产品更符合用户的习惯、经验和期待。

用户研究不仅对公司设计产品有帮助，而且会让产品的使用者受益。对公司设计产品来说，用户研究可以节约宝贵的时间、开发成本和资源，创造更好更成功的产品；对用户来说，用户研究使得产品更加贴近其真实需求。通过对用户的理解我们可以将用户需要的功能设计得有用、易用并且强大，能解决实际问题。

要实现以人为本的设计，必须把产品与用户的关系作为一个重要研究内容。首先设计用户与产品的关系，即人机界面。然后按照人机界面要求设计产品的功能，即"先界面，后功能"；同时二者要协调配合。我们的用户研究能够帮助改善网站、软件、手机、游戏等交互式产品，包括消费类电器产品。

虽然用户研究很重要，但需要注意的是用户不是设计师。设计师也不该由用户来指导如何做设计，即不应由用户给出具体的设计建议。工作中经常遇到这样的情况，设计师或者产品经理会向用户"转达"有关具体设计建议的提问。但这是不妥当的，因为这等于是把产品设计的复杂性传递给用户，让用户来化解这种复杂性。例外的情况是，如果是对使用经验十分丰富且对该产品领域有深入研究的专家用户，可进行以上提问。这也是 MIT 创新管理学教授埃里克·冯·希普尔的观点，他认为越来越多的企业通过让专业级的用户参与到设计中来让企业获益良多。但是对于一般的用户而言，询问有关如何设计某个产品的问题是不合适的。

3.6.2　用户研究的内容

一般来说，用户研究应该了解的内容如下。

（1）场景（Scenarios）：用户与目标产品发生接触的典型情形。

（2）行为（Behavior）：用户使用目标产品时的行为表现。

（3）动机（Motivations）：行为想要达成的目的，即行为背后最直接的心理动因。

（4）需求（Needs），尤其是未满足需求（Unsatisfied Needs）：用户内心较普遍和稳定的需要（更深层的心理驱动力）。注意要区分软件工程中的需求（Requirements）和用户研究中的需求（Needs）的差别，在与多方沟通时千万不要混淆。

（5）痛点（Pain Points）：用户在产品使用中遇到的常见的问题、麻烦，现有情况下无法解决（产品创新的机会所在，为用户解决现有问题）。

反之，以下内容通常不适合通过用户研究来直接获取，这也是很多人误用用户研究的地方。

（1）偏好：偏好类问题受个体差异影响很大，所谓"萝卜青菜各有所爱"，除非有较大的样本，否则意义不大，甚至可能会产生误导。

（2）对想象中产品的评价：用户没有能力对想象中的产品做出评价，其结果也可能产生误导。对原型给出用户评价会缓解这一问题，但还需要谨慎处理。

（3）对功能的期望：用户的期望包含比较多的随意臆想的成分，不能以此为依据来设计功能，而应从对用户现有行为的分析中挖掘机会点。

根据具体目的，用户研究又可以分为以下方面：

用户群特征研究、产品功能架构研究、用户任务模型和心理模型研究、用户角色设定研究。

3.6.3 如何了解用户

用户研究基本遵循前期用户调查、情景实验、问卷调查、数据分析、建立用户模型 5 个步骤，如表 3-3 所示。

表 3-3 用户研究步骤分解和对应方法

步　骤	方　法	目　标
1. 前期用户调查	访谈法（用户访谈、深度访谈） 背景资料问卷	目标用户定义 用户特征设计客体特征的背景知识积累
2. 情景实验	验前问卷/访谈、观察法（典型任务操作） 有声思维、现场研究、验后回顾	用户细分 用户特征描述 定性研究 问卷设计基础
3. 问卷调查	单层问卷、多层问卷；纸质问卷、网页问卷验前问卷、验后问卷；开放型问卷、封闭型问卷	获得量化数据、支持定性和定量分析
4. 数据分析	常见分析方法：单因素方差分析、描述性统计、聚类分析、相关分析等数理统计分析方法 另：主观经验测量（常见于可用性测试的分析）；Noldus 操作任务分析仪、眼动绩效分析仪	用户模型建立依据 提出设计简易和解决方法的依据
5. 建立用户模型	任务模型 思维模型（知觉、认知特性）	分析结果整合，指导可用性测试和界面方案设计

在实际工作中，研究人员根据侧重点的不同，定义了多种用户研究方法。

众多的用户研究方法一般可从两个维度来区分，一个是定性到定量，如用户访谈是定性的，而问卷调查属于定量。前者重视用户行为背后的原因，后者通过数据证明用户的选择；另外一个维度是态度到行为，如用户访谈属于态度，现场观察就属于行为。从字面上也可以理解为，用户访谈是问用户认为如何，现场观察是看用户实际如何操作。

3.6.4　访谈法

访谈就是研究者寻访和访问被研究者并且与其进行交谈和询问的一种活动，这是一种研究性交谈。访谈法是研究者通过与研究对象以口头交谈方式来收集对方有关心理特征和行为数据资料的一种研究方法。

访谈与日常谈话有重要区别，前者是一种有特定目的和一定规则的研究性交谈，而后者是一种目的性比较弱（或者说目的主要是情感交流）、形式比较松散的谈话方式。两种交谈方式都有自己的交流规则，交谈双方一旦进入交谈便会自动产生一种默契，不言而喻地遵守这些规则。

1. 访谈法的作用

访谈法与观察相比，可以了解受访者的所思所想和情绪反应；与问卷调查相比，它具有更大的灵活性及对意义进行解释的空间；与实物分析相比，它更具有灵活性、即时性和意义解释功能。

2. 访谈法的特点

（1）互动性：整个访谈过程是访谈者与被访谈者互相影响、互相作用的过程。

（2）艺术性：访谈者只有在与被访谈者的人际交往过程中，与被访谈者建立起基本的信任和一定的感情，并根据对方的具体情况采取恰当的方式进行访谈才能使被访谈者积极配合，坦率地说出自己的真实思想、观点、态度、情感等有关情况。

（3）科学目的性：具有特定的科学目的和一整套设计、编制和实施的原则。

访谈法的优点如下。

（1）有利于深入研究问题。

（2）能灵活地、有针对性地收集资料。

（3）保证资料有较高的可靠性。

（4）适用范围广。

访谈法的不足如下。

（1）对研究者的素质要求高。

（2）某些问题不宜访谈。

（3）费时费力。

（4）资料难以量化。

3. 访谈法的类型

（1）结构型访谈（封闭型）：按照统一的设计要求并且具有一定结构的问卷而进行的比较正式的访谈。结构型访谈对选择访谈对象的标准和方法、访谈中提出的问题、提问的方式和顺序、被访者的回答方式、访谈记录的方式等都有统一的要求。其优点是便于统计分析，不足是灵活性差，难以对问题进行深入的探讨。

（2）非结构型访谈（开放型）：只按照一个粗线条式的访谈提纲而进行的非正式的访谈，对访谈对象的条件、所要询问的问题等只有一个粗略的基本要求，访谈者可以根据访谈时的实际情况灵活地调整。至于提问方式和顺序、访谈对象回答的方式、访谈记录的方式，以及访谈的时间和地点等，则没有统一的规定和要求，由访谈者根据具体情况灵活处理。其优点是有利于发挥访谈者和被访谈者的主动性与创造性，有利于拓展和加深对问题的研究并且有利于处理原来访谈设计中没有考虑的新情况和新问题；不足是难以定量分析，并且对访谈者的要求比较高。

（3）半结构型访谈（半开放型）：分 A、B 型，A 型要求访谈问题是有结构的，但被访谈者可以自由地回答预定的访谈问题，也可以用讨论的方式作答。这种访谈是运用较多的一种访谈形式，并且在运用访谈提纲的基础上进行，即事先列出所问的问题或交谈的话题；B 型要求问题无结构，所提问题、提问方式和顺序比较灵活与自由，但要求被访谈者按有结构的方式进行回答。

上述 3 种类型访谈法各有特点，其分类如图 3-20 所示。

图 3-20　访谈法分类

访谈法也有其他分类方法，根据正式程度分为正规型和非正规型。根据接触方式，正规型又分为直接访谈和间接访谈；根据受访者的人数，分为个别访谈和集体访谈；根据访谈的次数，分为一次性访谈和多次性访谈；根据访谈对象的特点，分为一般访谈和特殊访谈。

4. 访谈法的设计

详细说明访谈的目的与变量，研究目的指明了研究所要达到的总目的，因而也就对研究的范围、对象等做出了一些限定，但比较笼统、概括。

根据访谈目的详细列出研究所设计的所有变量的类别与名称，进一步明确回答研究问题、检验研究假设需要收集的信息，最好列出一个研究变量简表。

要求认真查阅与访谈内容有关的文献，特别是研读有关研究报告，深入实际了解情况。

在设计问题时，可以采用开放式问题或者封闭式问题，需要注意二者的特点，封闭式问题要求访谈对象在事先确定的几个选择答案中选择一个自己认为最合适的答案，如你目前与学校领导的关系是矛盾还是很协调的；开放式问题访谈对象根据自己的想法并用自己的语言来做出回答，如请谈谈你目前与学校领导的关系。

5. 访谈法设计技巧

（1）在进行一项访谈研究时，如果研究者对访谈对象的有关情况不了解，则常常需要在研究初期采用开放式问题，以取得有关基本情况和资料并进行定性分析；研究后期则在此基础上设计若干封闭式问题，收集数据资料，以便进行定量分析。

（2）大多数访谈问卷在开头均安排一些封闭式问题，以取得访谈对象的有关基本情况，如性别、年龄、婚姻状况、教育水平、职业、职务等。随后，再安排一些开放式或者封闭式问题。

（3）编排顺序为漏斗顺序，即由一般、非限定问题逐步到具体、限定问题，由较大的问题到较小的问题。

（4）编制具体访谈问题时需要注意如下方面。

① 紧密围绕具体研究变量，每一问题都应满足某一变量操作定义的有关要求，成为某一变量的具体度量指标之一。

② 问题要清楚明确、不含糊、不模棱两可。

③ 描述问题的文字要适合访谈对象的文化程度和知识经验水平，避免使用专业术语。

④ 不要提访谈对象不能做出回答的问题。

⑤ 对需要解释的问题制定统一的解释说明方式。

⑥ 避免引导，提问措辞不能流露出自己的偏见。

⑦ 避免使用奉承性问题（填空式问题必须先编码然后记分，而其他方式问题则易于记分）。

6. 选择合适的访谈问题反应方式

合适的访谈问题反应方式可从表 3-4 中查找。

表 3-4　访谈反应方式选择速查表

反应方式	数据类型	主要优点	主要不足
填空式	命名数据	误差小 反应灵活性大	难以记分
量表式	间隔数据	易于记分	费时 可能产生误差
等级排列式	顺序数据	易于记分 强迫区分	难以完成
核对式（分类式）	命名数据	易于记分 易于反应	提供数据少 选择可能性小

综合考虑如下因素再来选择反应方式。

（1）所研究变量的性质。

（2）统计处理需要的数据类型。

（3）反应灵活性。

（4）完成访谈所需时间。

（5）反应误差的大小（量表式和核对式误差较大）。

（6）记分的难易程度。

7. 试谈与访谈程序的修订

通过试谈来检验提问措辞是否妥当、提问顺序安排是否合理，以及访谈问卷是否符合研究目的等。

（1）注意事项：试谈对象与正式访谈对象要同质，试谈中应尽可能详细记录，如有可能，对试谈过程录音。

（2）对访谈程序的修订：检查所有问题和回答，看有无遗漏、疏忽之处，以便及时修正。检查重点分析提问顺序是否合理？哪些问话含糊不清、模棱两可或易引起矛盾、混乱？是否需要加入提示语等。

8. 访谈人员的选择与培训

（1）选择标准：一是对工作认真负责；二是对访谈研究有兴趣；三是具有一定的科学文化知识、技能和能力；四是能吃苦耐劳并有一定的交际能力。

（2）数量：根据样本大小、时间长短、经费多少、问卷的复杂程度来决定。

（3）来源：根据访谈对象的特点和研究人员的实际情况决定，一般用研究生、大学生，以及中学、小学、幼儿园的教师等。

（4）培训内容：访谈研究一般情况简介与说明、阅读访谈问卷和重点讲解、示范与模拟，以及现场实习访谈等。

（5）注意事项：一是采取集中培训；二是说明对访谈结果保密的重要性；三是强调访谈人员之间的合作；四是让受训人员注意谈话技巧和方式，并善于观察与记录；五是教访谈人员如何写访谈日记；六是培养访谈人员的独立工作能力；七是对于不同对象，采取不同的培训方式；八是如果发现某些人员没有访谈能力，则不要录用。

9. 访谈法实施过程与技巧

访谈前的准备工作：充分熟悉访谈问卷的内容、带齐进行访谈所需要的有关材料、尽可能了解访谈对象，以及选择好访谈的合适时间地点。

接近访谈对象要注意称呼，要了解当地的风土人情和访谈对象的情况，做到恰如其分。在做自我介绍时要做到不卑不亢、简洁明了并介绍访谈相关事宜（目的、意义、内容、时间、原因等）。

另外还应该注意：一是衣着打扮；二是自我介绍与研究说明；三是应用正面肯定语气。如不宜采用"如果您不太忙的话，我想……""不知能否占用您几分钟时间"等方式，而应用"我想向您了解一下……，谢谢您的帮助"；四是让访谈对象知道，你将对他（她）的谈话内容保密；五是注意观察访谈对象的特点，及时调整接近方式。

如果遇到访谈对象不配合的情况，应出示介绍信、身份证等证件；如果对研究内容不感兴趣，应详细介绍研究的意义；如果对保密性表示担心，说明保密措施；如果没有时间，应另约时间。

谈话与提问时应当注意开始交谈时应先提一些非研究性的问题，从询问对方一般工作、学习等情况开始，再与访谈对象建立良好的关系。

对研究问题的提问要注意：一是按照访谈问卷提问；二是避免对访谈对象回答问题的引导；三是交谈要在轻松、愉快、友好的气氛中进行；四是要认真倾听，并做出反应；五是要礼貌地驾驭整个谈话过程，终止对方离题的话；六是鼓励对方；七是重视言语信息的同时重视非言语信息。

如果临时想挖掘更多信息，应进行如下有效追问。

（1）详尽式追问：如"还有什么吗？"。

（2）说明式追问：如"你为什么这样认为？"。

（3）系统追问：如"他们听谁说的？"。

（4）假设追问：如"你是校长，将如何处理这一问题？"。

（5）情感反应性追问：如"你对这事的态度如何？"。

（6）正面追问：如感到对方回答不真实时进行的追问。

同时应当做好访谈记录，可以采用笔记与录音两种方式。注意尽可能详尽地记录，包括对一些非限定性问题的所有回答，和限定性问题的额外的说明。围绕访谈内容进行记录，记录过程中不要试图总结、分段和改正语法错误。不仅记录语言信息，而且要记录非语言信息。在记录的同时要注意访谈的顺利进行。访谈结束后，尽快整理记录。

整个访谈过程中应当控制访谈时间，要根据访谈气氛的变化灵活决定时间。在结束时要感谢对方的合作，如果需要，应为以后的访谈做好铺垫和安排；如果有可能，则对访谈对象的合理要求予以满足。

3.6.5　观察法

在调研早期往往会采用问卷法来收集用户数据。一个新的产品肯定会被赋予一些其他产品所没有的属性，对一个原本就没有的属性问卷中的提问该如何设计？产品设计的本质是解决用户生活、工作中的问题或者创造更佳的体验，因此产品功能的产出必然来源于用户的生活和工作。设计人员必须从了解用户的生活、工作、操作方式、习惯、爱好等开始发现问题,寻找产品设计的切入点。在研究初期,只知道一个大概方向的时候需要的方法非常开放,最好的研究方法通常是观察法。设计研人员需要观察真实的用户在真实的环境中是怎样操作产品的?他们有什么困难、痛点,以及情绪和观点。

观察法就是指研究者根据一定的研究目的、研究提纲用自己的感官和辅助工具直接观察用户,从而获得数据的一种方法。

1. 观察法的步骤

(1)明确研究方向:主要包含研究的对象、研究的问题、某一特定的情景条件,也可能包含研究的对象。

(2)观察的准备:包含两个方面,一是观察对象,即在观察前通常需要首先选择被观察的用户群。以"外卖的用户"为例,需要研究单身白领的情况。再进一步以上海为例,被观察用户群年龄要具备年龄在20~35岁、教育程度在大专以上、工作以脑力劳动为主,月薪5 000元以上等条件;二是观察方式,即以定性研究为主还是以定量研究为主。观察法由于成本等因素限制,所以并不十分适合定量研究;同时还应制定好观察提纲,观察提纲因只供观察者使用,所以应力求简便。只需列出观察内容、起止时间、观察地点和观察对象即可,为使用方便还可以制成观察表或卡片。

(3)观察的过程:我们需要通过观看、倾听、询问、思考、记录等方式收集数据,但要注意的是现场记录的信息往往有两大类,一类是记录客观发生的现象;另一类是记录观察者自己的想法。

(4)观察后的整理与分析:现场观察通畅且十分忙碌,可能有太多太多的信息和想法需要记录,但人的记忆消退得很快。所以有些记录可能记得比较简略,可能只是几个字或者一个简图,这些都需要在观察后尽快整理才能转化为有效的数据。

2. 观察法实例

对地铁人群手机使用行为的观察法研究如图3-21所示。

图3-21 用户使用手机的手势示例——对地铁人群手机使用行为的观察法研究

(1)制定观察提纲。

① 研究目的:了解用户在自然状态下如何操作手机,以及在坐地铁等碎片时间内使用哪些内容。

② 研究方法：观察法。

③ 研究地点和时段：高峰期和普通期、地铁内研究者周围方圆 2 m 以内距离。

（2）记录内容：时间及线路、研究者周围方圆 2 m 内人数及使用手机的人数、持机手势及人数，以及使用内容及人数。

（3）根据提纲，选择北京地铁 1 号线、八通线、4 号线、10 号线等线路调研和记录。

（4）对观察结果进行分析得出如下结论。

① 超过一半的用户使用单手操作手势持机。

② 地铁碎片时间用户主要使用内容为阅读（小说、新闻），其次为音乐、视频和游戏。

③ 特别拥挤时会对使用手机的比例产生影响，一般拥挤时和普通时使用手机的比例相近。

④ 更多研究结论，敬请关注之后发布的用研报告。

3. 观察法注意事项

（1）在运用观察法进行社会调查时，应尽量以多方面、多角度、不同层次观察并搜集资料。

（2）研究者必须注意下列要求。

① 密切注意各种细节，详细做好观察记录。

② 确定范围，不遗漏偶然事件。

③ 积极开动脑筋，加强与理论的联系。

（3）避免主观臆测。

① 每次只观察一种行为。

② 所观察的行为特征应事先有明确的说明。

③ 观察时要善于捕捉和记录。

④ 采取时间取样的方式进行观察。

（4）必须遵守法律和道德。

通过观察法收集到的数据丰富、完整，而且比较客观，常常还能启发研究者对产品的创造性思维。当然观察法的劣势也有，主要表现在耗时长、人力物力成本高等方面。

3.6.6 情绪板

情绪板（Mood Board）是指对要设计的产品及相关主题方向的色彩、图片、影像或其他材料的收集，从而引起某些情绪反应，并以此作为设计方向或者是形式的参考，从而帮助设计师明确视觉设计需求，提取配色方案、视觉风格、质感材质以指导视觉设计，即为设计师提供灵感。

视觉设计师可能会花很长时间做出精致且高品质的设计，得到的却是用户的一句话"这不是我想要的!"。一般来说在没有实物前,用户并不清楚自己要的是什么。但是在看到成品后,他们可以轻易地判断是否符合自己的喜好或期望。因此在为错误的设计方向投入过多前,了解用户对风格的期望和需求,从而确定整个网站或产品的视觉风格是有必要的。

作为可视化沟通工具,借助情绪板可以在没有实物前大致确定用户在设计风格方面的喜好。情绪板是一种启发式和探索性的方法,可以对一些问题进行研究,包括图像风格(Photography Style)、色彩(Color Palettes)、文字排版(Typography)、图案(Pattern)及整体外观和感觉等。视觉设计和人的情绪紧密相连,不同的设计总会引发不同的情感。

1. 创建情绪板

情绪板的操作步骤如图 3-22 所示。

图 3-22　情绪板的操作步骤

首先需要明确体验关键词,在一个设计项目中通过利益相关者访谈和用户研究,设计人员创建了产品的人物角色。基于人物角色,综合用户研究结果及品牌/营销文档可以得出体验关键词(Experience Keywords)。当人物角色和体验关键词确定后可以通过使用情绪板来探索网站或产品的视觉风格,并作为和内部人员进行早期沟通的基础,如图 3-23 所示。

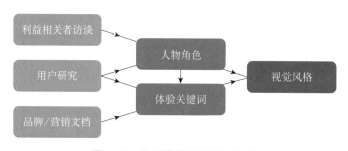

图 3-23　使用情绪板的操作步骤

其次,应基于时间限制、个人工作习惯及用户的需求对情绪板的呈现方式进行选择。一般来说,可以从拼贴画和精致化的模板两个方面来区分情绪板的呈现方式。

(1)拼贴画。

拼贴画是最简单地创建情绪板的模式,无须考虑诸如字体和特定颜色之类的细节问题。找到那些可以激发灵感的素材,其中可能包含那些传达相似风格和情绪的网站的截图。这种方式快速、有趣,但是具有一定的含混性,如图 3-24 所示。

(2)精致化的模板。

模板可用来展示不同的元素,如图 3-25 所示。

这种形式的情绪板界定了配色、字体(如标题和副标题)、按钮风格,甚至图片风格。

图 3-24　拼贴画风格情绪板

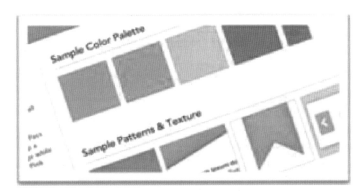

图 3-25　模板化情绪板

标准模板可以让用户聚焦于特征化元素。

　　一般来说，情绪板可以以实体方式呈现，也可以以数码方式呈现。考虑到成本、时间等因素，我们多选用数码方式，因为这种方式为设计师提供了更灵活多样的选择。

　　再次，选择素材创建情绪板，这是一个迭代的过程，如图 3-26 所示。

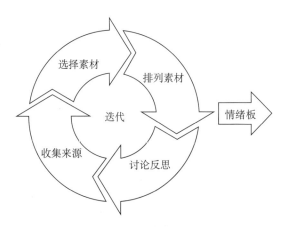

图 3-26　情绪板创作的迭代过程

2. 使用情绪板

在使用情绪板的过程中体验关键词的作用相当重要，这里首先要说明什么是体验关键词，如图 3-27 所示。

图 3-27　体验关键词示例

获得体验关键词是情绪板的第 1 项工作，一般从内部的涉众访谈（相关产品和设计人员）及外部的用户研究两种渠道获得，如图 3-28 所示。

用户研究，主要关注用户情感和用户期望
- 你觉得公司/产品与xx公司的差异是什么？
- 对你来说，为什么这个产品是特别的？
- 你期望产品有什么特别处？
- 若将产品拟人，你觉得他是什么样的？
- 你会如何向你朋友描述这个产品？
- 这一

团队边界

涉众访谈，主要关注品牌策略和市场策略
- 这是个什么样的产品？
- 用户第一次见到时，期待的反应是什么？
- 本产品差异性是什么？
- 将产品拟人，与哪个名人/画/电影相似？

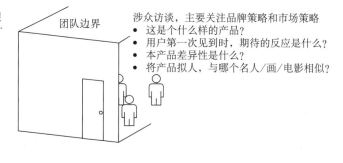

图 3-28　获得体验关键词

在涉众访谈和用户研究中可以收集大量的体验词样本，在获得这些样本后可以在内部进行讨论，通过归纳整理将体验关键词样本精简为几个，如图 3-29 所示。

涉众访谈和用户研究的样本

体验关键词

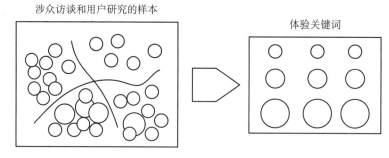

图 3-29　体验关键词概念图

提取体验关键词之后可以在内部创建情绪板，如果受限于资源或公司的保密政策，也可以招募用户来完成。

创建情绪板要注意以下方面。

（1）需要制作 3 套以上情绪板供评审。

（2）制作的过程是个迭代的过程，需要内部团队慎重讨论决定。

（3）情绪板的形式可以有多种，如拼贴画或精致化的模板。

招募外部用户创造情绪板，其工作流程如图 3-30 所示，此时则要注意以下方面。

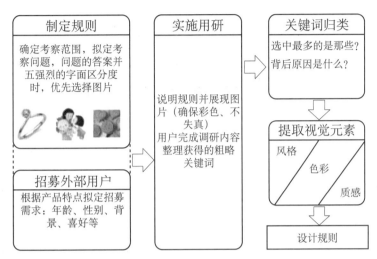

图 3-30　外部用户参与分析体验关键词的工作流程

（1）主持人需要不断地询问被访者去探究选择图片背后的原因："为什么你会选择这张图片？""能否和大家分享一下你的想法？"

（2）注意挖掘被访者之间的观点差异，100 个人心中有 100 个哈雷姆特，同一张图片对于不同被访者可能会有不同的解释。如果多几位被访者同时选择一张图片，则代表他们各自对某个品牌的感觉，注意要询问他们选择这张图片的原因是否一样。

可以呈现给用户的图片是有限的，因此在挑选图片时需要内部研究和设计人员协同完成，根据视觉设计所需要考虑的几个维度结合已有的关键词进行图片的筛选。一般来说，在将图片呈现给用户之前，内部人员已经明确了每一张图片所代表的意义。在用户选择和访谈结束后两方面的数据综合分析才能获得最终的结果，如图 3-31～图 3-33 所示。

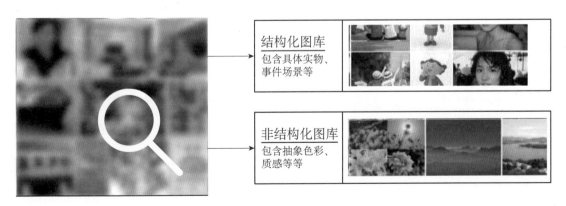

图 3-31　建设体验关键词图库

图 3-32　体验关键词的用户访谈情景示例 1

图 3-33　体验关键词的用户访谈情景示例 2

3. 传统情绪板的操作方法

（1）综合用户研究结果、品牌/营销策略、内部讨论等方式明确并可以得出体验关键词，通常这也会是一个商业决定。

（2）可邀请用户、设计人员或决策层参与一段时间的素材收集工作，通常可从日常接触的报刊杂志中选取出来并粘贴到一起。

（3）收集针对每个人的情绪板并配合定性的访谈，了解选择图片的原因，挖掘更多背后的故事和细节。

（4）将素材按照关键词聚类，提取色彩、配色方案、机理材质等特征作为最后视觉风格的产出物。

4. 改良的情绪板

在安卓客户端视觉风格研究中所尝试的流程介绍如下。

（1）收集原生关键词。

与传统操作方法没有差异。

（2）衍生关键词。

在这个研究中我们对传统情绪板流程进行了一些改变，允许参与者使用图片搜索引擎和素材网站查找图片。但是如果仅单纯搜索原生关键词，很容易导致不同参与者提供的图片素材出现同质化的问题。所以在搜索图片之前，插入了"衍生关键词"这个步骤，如图 3-34 所示。

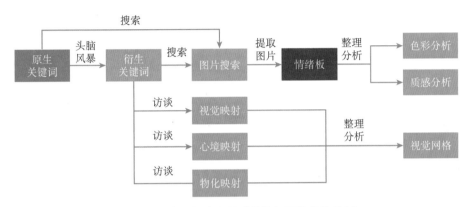

图 3-34　情绪板流程针对具体问题的优化示例

我们要求参与者首先头脑风暴画出关键词的思维导图，一方面合理地引导调研对象发散思路；另一方面也在头脑风暴过程中深挖原生关键词在他们心中的定义。

衍生关键词诞生访谈输出示例如图 3-35 所示。

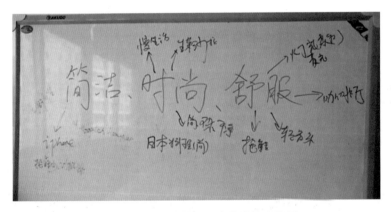

图 3-35　衍生关键词诞生访谈输出示例

① 自由发散问题：看到"简洁"你想到了什么？

② 引导发散问题：如果"简洁"是一种颜色，你认为是什么？为什么？如果"简洁"是一种食物，你认为是什么？为什么？如此等等。

（3）搜索并提取图片生成情绪板。

在该阶段，要求用户使用原生关键词和衍生关键词，通过网络渠道收集大量对应的素材图并配合定性访谈，如图 3-36 和图 3-37 所示。

		简洁	时尚	舒适
词典定义		指说话、行为等简明扼要，没有多余的内容	是流行文化的表现，特点是年轻、个性、多变及公众认同和仿效	身心康泰，是生命的自然状态及心理上的需求，得到满足以后的感觉
用户定义	视觉映射	整齐、明亮、干净、大方、白色、条理清楚、棱角分明、硬、冷色、素	多彩的颜色、欧美范、黑色、个性、主流、复古、简单、干净、大方、潮、另类、嘻哈	柔软、粉色、米色、可爱、灯光柔和、温暖、空旷、绿色、柔和、全棉
	心境映射	清净、早晨雨后、空气清爽、空旷	低碳、慢生活、气场大、街拍、大暴雨天	慵懒、定制、平均、心境开阔、放空的状态、运动、休息、休闲、散步、睡觉、放松、素颜
	物化映射	玻璃、iPhone、无车线连衣裙、运动服、Google首页、扎马尾辫的女生、没胡子的脸、白板、清澈的水、填空、蓝天白云	佩饰、热词、日式料理、沙拉、ZARA、女人、Vogue时尚杂志、畅通无阻的路、香奈儿秀、墨镜	运动服、穿、沙发、海绵、拖鞋、轻音乐、咖啡厅、柔软的垫子、沙滩、阳光草地、空调、西湖边、家居服、地毯

图 3-36　衍生关键词的网络收集和整理示例

图 3-37　衍生关键词的图库映射示例

（4）衍生关键词的分析——分维诠释。

在生成情绪板的同时设计人员将所有衍生关键词按照 3 个维度进行分类整理，目的是帮助项目组成员从用户的角度理解抽象关键词的具象诠释。所有的关键词可按照以下 3 个维度分类，即视觉映射、心境映射、物化映射。

（5）对情绪板进行"色彩分析"和"质感分析"。

很多传统的情绪板调研方法可能在情绪板生成后结束，这种做法很可能导致研究与最后的设计产出的脱节。因为，设计师们往往停留在自己的主观消化和感触中，所以如果开展设计，则缺少较客观的度量方法。本例中，我们最终生成的产出物之一是相应的配色方案。

电子化的情绪板对后期的"色彩分析"也是比较方便的，一方面我们将情绪板在 PS 中进行高斯模糊，再使用颜色滴管提取大色块。当然现在已经有很多用户配色方案提取的网站和软件，借助这些网站和软件会事半功倍；另一方面，结合衍生关键词的分析结果提取情绪板中较高频物化纹理和材质。衍生关键词的配色方案提取示例如图 3-38 所示。

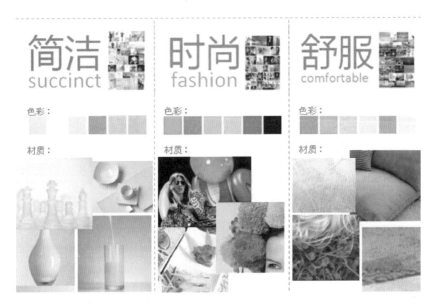

图 3-38　衍生关键词的配色方案提取示例

3.6.7　问卷调查

问卷调查是目前调查业中所广泛采用的调查方式，即由调查机构根据调查目的设计各类调查问卷，然后采取抽样的方式（随机抽样或整群抽样）确定调查样本。通过调查员对样本的访问完成事先设计的调查项目，最后由统计分析得出调查结果的一种方式。它严格遵循的是概率与统计原理，因而调查方式具有较强的科学性，也便于操作。这一方式对调查结果的影响除了样本选择、调查员素质、统计手段等因素，问卷设计水平是其中的一个前提条件。

为了更好地收集市场信息，在问卷调查过程中首先要把握调查的目的和要求；同时力求使问卷取得被调查者的充分合作，保证提供准确有效的信息。问卷调查的关键步骤有问卷设计、调查实施和数据分析。

1. 问卷设计

问卷一般由开头、正文（主体）和结尾 3 个部分组成。

问卷的开头主要包括问候语、填表说明和问卷编号，问候语应亲切、诚恳、有礼貌，并说明调查目的、调查者身份、保密原则及奖励措施，以消除被调查者的疑虑，激发他们的参与意识。

搜集资料部分是问卷的主体，也是使用问卷的目的所在。其内容主要包括调查所要了解的问题和备选答案，显然这部分内容是问卷设计的重点。

调查者的有关背景资料也是问卷正文的重要内容之一，被调查者往往对这部分问题比较敏感。但这些问题与研究目的密切相关，必不可少。例如，一是个人的年龄、性别、文化程度、职业、职务、收入等；二是家庭的类型、人口数、经济情况等；三是单位的性质、规模、行业、所在地等，具体内容要依据调查者先期的分析设计而定。

问卷的结尾可以设置开放题，征询被调查者的意见、感受或记录调查情况，也可以是感谢语及其他补充说明。

2. 问卷设计质量把控

问卷设计既要有科学性，又要有艺术性。每个问题的内容、形式、位置、顺序都必须仔细斟酌，其设计质量可以从以下原则把握。

（1）一致性原则。

问卷内容应与调查所希望了解的内容相一致，在许多调查中调查发起者提出调查目的后并不能清楚完整地提出具体的调查内容要求。此时设计人员应当与数据使用者积极沟通，相互协调，设法挖掘出调查发起者的潜在需求。必要时可以通过预调查探索本次调查可能涉及的问题，通过结果的分析找出要达到的调查目的，以及问卷还应包括哪些方面的具体内容。

（2）完整性原则。

在设计问卷时，问卷内容应能涵盖达到调查目的所需了解的所有内容。这里的完整性不仅包括问题的完整，还包括具体问题中所给答案选项的完整，即不应出现被调查者找不到合适选项的情况。

（3）准确性原则。

作为搜集数据的工具，问卷应保证数据的准确性。并且作为调查的脚本，问卷的措辞、顺序、结构和版式等方面应当保证所需信息被准确转换为问卷中的问题，被调查者能够准确理解问题，并能够给出正确的回答；作为记录工具和编码工具，问卷应能提供规范的记录方式和编码方式，保证被调查者或调查员记录的答案准确清晰。并且设计的编码能准确代表原资料的信息，以满足录入、编码和分析环节的要求。

（4）可行性原则。

问卷应保证被调查者愿意并如实回答，这是得到有效数据的必要条件之一。问卷的设计还要保证编码、分析的可行性，被调查者提供的回答应是可量化的。

（5）效率原则。

效率原则就是在保证获得同样信息的条件下选择最简捷的询问方式，以使问卷的长度、题量和难度最小，节省调查成本。一方面在一定成本下，要使问卷尽量能获取全面、准确、有效的信息，但并不等于要一味追求容量大、信息多。与本次调查目的无关的问题不要询问，否则不仅造成人力、物力、财力的浪费，还可能引起被调查者的反感与厌恶。拒访率增高，数据质量下降，问卷效率反而降低；另一方面追求高效率并不等于低成本，一味节约成本可能会以降低数据准确性和可靠性为代价，反而是低效率的。

（6）模块化原则。

为使问卷结构分明，便于维护与更新，可以考虑使用模块化的设计方法。即将问卷划分为若干个功能块，每个功能块由若干道题构成。功能块内部具有较强的联系，功能块之间具有相对的独立性。

应该指出的是，上述 6 项原则有时相互矛盾，难以同时满足。并且由于调查费用等客观因素的限制，问卷设计不可能做到尽善尽美，在实践中如何权衡贯彻各项原则还需要凭经验加以判断。

3. 问卷设计方法

问卷设计所应达到的要求是问题清楚明了、通俗易懂、易于回答又能体现调查目的，以便于答案的汇总、统计和分析。问卷设计通常有以下几种格式。

（1）自由记述式。

指设计题目时不设计供被调查者选择的答案，而是由被调查者自由表达意见，对其回答不做任何限制。

（2）填答式。

把一个问题设计成不完整的语句，由被调查者完成句子。调查者审查这些句子，确认其中存在的想法和观点。

（3）二元选择式。

又称"是非题"，它的答案只有两项（一般为两个相反的答案），要求被调查者选择其中一项。

（4）多元选择式。

答案多于两种，被调查者依据要求或限制条件可以选择一种或多种答案。在应用多元选择格式时应注意以下事项。

① 必须对多个答案事先编号，以方便资料的统计整理。

② 答案应包括所有可能的情况，但不能重复。

③ 被选择的答案不宜过多，一般不应超过 10 个。

（5）排序式。

调查人员为一个问题准备若干个答案，让被调查者根据自己的偏好程度确定先后顺序。例如，请将下列洗发水品牌依您的喜好按降序排列（　　　）。

A. 沙宣　　　B. 力士　　　C. 潘婷　　　D. 海飞丝　　　E. 舒蕾

（6）利克特量表。

由伦斯·利克特根据正规量表方法发展而来，设计方法为给出一句话，让被调查者在"非常同意""同意""中立""有点不同意""很不同意"这5个等级中做出与其想法一致的选择。利克特量表既能用于邮寄调查，也能用于电话访问。

（7）语义差异量表。

用两极修饰词来评价某一事物，在两极修饰词之间共有7个等级，分别表示被调查者的态度程度。

（8）数值分配量表。

指调查者规定总数值，由被调查者将数值进行分配，通过分配数值的不同来表明不同态度的测量表。数值分配量表常用于对某种商品不同规格、牌号的消费者态度调查。

（9）其他量表格式。

4. 问卷设计注意事项

（1）确定问题的回答方式，这一阶段首先关心的是询问中所使用的问题类型。在市场调研中有3种主要的问题类型，即开放式问题、封闭式问题、量表应答式问题。

（2）决定问题的措辞，用词必须清楚，应当避免使用含糊不清的词语。用语要适于目标听众，避免使用专业术语。要避免一个句子中出现两个问题。

（3）选择词语以避免引起应答者误解。不应该诱导受访者回答特定答案。

（4）考虑到应答者回答问题的能力：

➢　问题不应该超越受访者的能力与经验。

➢　问题中涉及的细节不应超出受访者的记忆能力。

（5）考虑到应答者回答问题的意愿。有些问题应答者不愿意给出真实的回答，或回答时故意朝合乎社会需要的方向歪曲。

（6）确定问卷流程和编排。问题的典型排列顺序为：过滤性问题→热身性问题→过渡性问题→主题性问题→较复杂或难以回答的问题→分类与人文统计问题。

（7）其他基本准则。

① 运用过滤性问题识别合格应答者；只有合格应答者参加访谈才能得到每类合格应答者的最小数量（配额）。

② 以一个令人感兴趣的问题开始访谈（用一个年龄或收入问题作为初始问题是一大错误）。

③ 先问一般性问题，使人们开始考虑有关概念、公司或产品类型，然后再问具体的问题。

④ 杜绝一词多义。

⑤ 问题应能得到被调查者的关心与合作。

⑥ 问题措辞要简单、通俗。

⑦ 措辞要准确。

⑧ 避免诱导性提问。

⑨ 提问要有艺术性，避免引起被调查者反感。

⑩ 问卷不要提不易回答的问题。

⑪ 问题设计排列要科学。

⑫ 使用统一的参考架构。

⑬ 对敏感性问题有处理的技巧。

⑭ 问卷不宜过长。

⑮ 要有利于数据处理。

3.6.8　眼动仪辅助分析

眼动仪作为记录用户注视轨迹的用户研究工具而得以流行，将它和脑电设备联机同步抓取用户视线扫描轨迹，目的是了解用户是如何看的，分析用户当时的心理活动。

通常用热图（Heat Map）来表示界面的被注视情况，如图 3-39 所示。

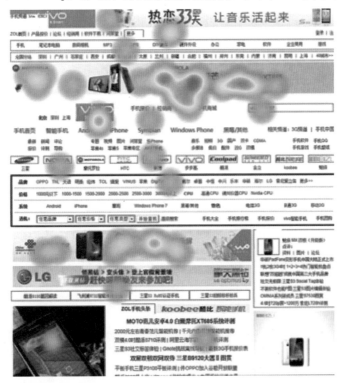

图 3-39　眼动仪输出结果——热图

越红色区域表明注视的时间比较长，绿色的区域表明注视的时间较短，白色的区域表明用户根本没有看到。

眼动研究能提供一整套的眼动指标，眼动仪能完整记录用户的注视轨迹，基本可以解决用户"如何看"和"看什么"的问题。比较典型和常用的指标如下。

（1）总注视次数：被认为是与搜索绩效相联系的指标。

（2）平均注视驻留时间：反映的是提取信息的难易程度。

（3）注视点序列（注视轨迹）：注视点在兴趣区之间的转换，能够度量用户界面布局的合理性，合理的界面布局在注视轨迹上应该是有秩序、顺畅、有逻辑的。

（4）首次到达目标兴趣区的时间/注视点：在显示区域搜索特定的目标时，第1次到达目标区域的时间，也是用户界面布局合理性度量的一个重要指标。

（5）每个感兴趣区域的注视时间：被试者眼睛注视特定显示元素（设计人员感兴趣区域）的时间。

但是由于眼动数据本身反映的是行为，所以不能直接反映认知和思维过程。行为是大脑各种活动过程的综合结果，因此数据本身的指代意义就不是单一的，很难解释。眼动研究需要良好的实验设计的配合，才能正确地解释眼动数据，或者需要配合访谈或者回溯测试等来反映认知和思维过程。脑电研究则弥补了眼动研究的这一缺陷，并且天然地能与眼动研究相结合。这种结合不但能正确地解读眼动数据，还能客观而准确地反映用户的心理过程。

一般情况下，6个测试用户大约可发现89％的可用性问题，建议实际工作中征集6～8个典型目标测试用户即可。

深度访谈是一种无结构、直接且个人的访问，即在访问过程中一个掌握高级技巧的访问员深入地与一个被调查者访谈，以揭示被调查者对某一问题的潜在动机、信念、态度和感情。

深度访谈的几个要点：一是深入沟通，揭示问题潜在的本质；二是有针对性地解决问题，要详细、私密、复杂和专业；三是掌握深度访谈的技巧。

在有针对性地解决问题的过程中需要注意不要出现以下情况。

（1）详细地刺探被调查者的想法。

（2）讨论一些保密、敏感或让人为难的话题。

（3）在存在很严密的社会准则、被调查者容易随群体反应而摇摆不定的情况下进行。

（4）详细地了解复杂行为及特殊行为。

（5）访问专业人员，即做某项专门的调研。

（6）访问竞争对手及渠道。

总而言之，方法服务于目的。依据研究课题的不同，我们不仅需要选择不同的研究方法，还需要按课题的特殊性来优化各种经典方法，从而形成更适应具体课题的方法，得到更精确的研究结果。如何运用好这些经典方法使其最适应当下的研究目标，正是用研工作者要面对的考验，也需要从交流沟通中革新和进步。

3.6.9　用户研究的输出内容

作为完成用户研究的成果，通常需要提交的资料如表 3-5 所示。

表 3-5　需要提交的资料

类　别	文　档
问卷调查	"问卷设计报告" "问卷调查表" "问卷调查结果分析报告"
用户访谈	"被访用户筛选表" "访谈脚本" "配合记录表" "被访用户确认联系列表" "访谈阶段总结报告"
总体报告	"用户研究分析报告"

另外，还存在一些为便于撰写报告而使用的技巧，如角色构建法，使用角色构建法的好处显而易见。经过综合分析后的资料如果没有一个典型的研究对象作为载体，则将影响到研究结果的感染力。因此为了能在设计团队中展示自己的研究成果，提高重要数据的影响力，就必须要构建出一个十分贴近真实的场景；另外容易记住的数据是那些经过合理、精心分类组装的数据，而虚构角色的过程就是一个将数据分类并且重构的过程。

3.7　信息架构

信息架构即信息的组织结构，任务就是在信息与用户之间建立一个通道，使用户能够获取到其想要的信息。一个有效的信息架构方式会根据用户在完成任务时的实际需求来指引用户一步一步地获得他们需要的信息，信息架构的展现包括信息本身、信息的组织、导航的组织和业务流程的设计等。

3.7.1　信息架构定义

对于一个网站或者移动应用软件，信息架构可以让我们明白所处何处及想要的信息在哪里，信息架构也因此延伸出网站地图、架构层级、分类、导航和元数据的创造过程。

以商场为例，商场里面充满了商品，商品本身就是信息。如何让顾客快速建立对该商场的信息索引而便捷有效地逛商场，这就是一个信息架构设计，如图 3-40 和图 3-41 所示。

图 3-41 所示的楼层架构便于用户更好地找到自己想买的商品，至少是很清晰地知道每一层有什么商品及同一层商品是怎么分布的等信息。在这里，设计师的作用就是规划好这些楼层的信息层级，主要做的工作就是分类。在互联网产品设计中设计师梳理信息架构，其实和上述梳理商场楼层架构有异曲同工之妙。

```
地下一层：动感休闲地带
商场一楼：国际名牌世界
商场二楼：名媛衣装天地
商场三楼：少女时尚驿站
商场四楼：温馨亲子家园
……
进一步：可能一楼国际名牌世界又包括
A区：名牌手表
B区：名牌珠宝
```

图 3-40　信息展示需求示例

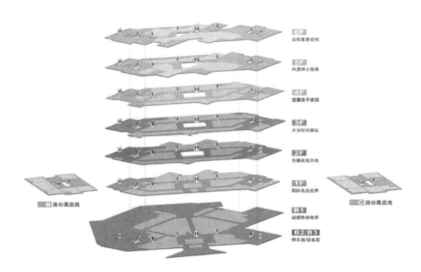

图 3-41　信息展示——商场地图

本质上讲任何数字化产品，包括网站、App 等都是信息的集合。信息架构设计通常需要解决两方面的问题：一是怎样使信息更易于理解与浏览；二是如何确保扩展性，使其在未来能够承载更为复杂的信息与功能。

拥有良好信息架构的产品在结构上非常坚固，这与建筑具有相同的道理。即从地基和支柱入手，基础便会稳固。基于稳固的基础一步步扩大建筑规模，一切都将有条不紊地从容进行。

以 Spotify 为例，通过对 UI 进行解构我们可以了解其表面之下的基础信息架构，如图 3-42 所示。Spotify 页面中提取的信息架构如表 3-6 所示。

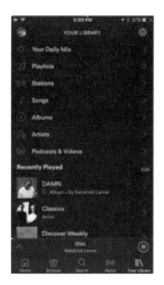

图 3-42　Spotify 页面示例

表 3-6　Spotify 页面中提取的信息架构

第一级	Home	Browse	Radio	Your Library
第二级	Featured Made for You You Might Also Like Jump Back in Pop Hip Hop Indie	Charts New Releases Videos Podcasts Discover Concerts	Your Daily Mix Recently Played Recommended Stations Genre Stations	Your Daily Mix Playlists Stations Songs Albums Artists Podcasts & Videos

3.7.2　信息架构的常用结构

任何产品都有信息架构，或繁杂或简单。信息架构大致可分为两种：一种是简单信息架构，即轻架构。例如，大多 ToC 产品、微信、QQ 音乐、腾讯视频等；另一种是相对复杂的信息架构，即重架构。例如，大多 ToB 产品、运维类产品、客户关系管理系统、业务支撑系统等。

轻架构产品需要提供给用户一个简单明了的信息架构，让用户使用方便、体验流畅。轻架构产品不能让用户迷路，不能给用户带来太多的学习成本，面对海量普通用户要做到可用且效率高。轻架构产品可以通过做减法来聚焦。

重架构产品需要提供功能完备、结构严谨的信息架构，让用户能通过操作流程使用各个功能。这样的架构会带来一定的学习成本，有些重架构产品甚至需要对使用人员进行培训。并且用户群体一般比较聚焦。重架构产品很难通过做减法来聚焦，而是需要对海量功能进行合理整合、灵活布局来聚焦核心用户场景，所以重架构产品的信息框架更难且更重要。

设计轻架构产品的好处是轻松、愉快，用户一般容易共感感知。甚至用户就是设计师自己，难点在于突破和创新。

设计重架构产品的好处是，对设计师而言这是一次磨炼技能的好机会，信息架构越复杂，对交互设计的要求越高，锻炼效果越好。难点在于重架构产品需要设计师对业务的理解透彻，业务理解门槛高，海量功能不能做精简。而且用户是陌生群体，需要用户研究的支持才能理解用户。信息结构复杂导致交互设计难度高、错误率高、费力，设计重架构产品对全局观的要求非常高。

Jesse James Garrett 在《用户体验要素：以用户为中心的产品设计》书中对信息结构的分类和作用进行了详细论述。

1. 层级结构（Hierarchical Structure）

在层级结构中，节点与其他相关节点之间存在父级/子级的关系，如图 3-43 所示。

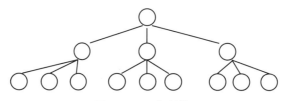

图 3-43　层级结构

了节点代表更狭义的概念，从属于代表更广义类别的父节点。不是每个节点都有子节点，但是每个节点都有一个父节点，一直往上直到整个结构的父节点。层级关系的概念对于用户来说非常容易理解，设计软件时也倾向于采用层级结构。

这是最常见、最自然的一种组织方式，树状图、家族图谱等都采用这种方式。在此方式中，平衡式使用方式的使用尤其普遍。

什么是平衡式使用方式？层级结构可以带来两种设计思路，划分方法基于战略层及范围层双向的方式。第 1 种思路从上到下，即从产品主要愿景一步一步细分到每个功能特性；第 2 种思路从下到上，即从对用户有价值的功能特性开始一步一步往上倒推到产品灵魂。

第 1 种方式很容易理解，即战略层确定了一个大方向。管理层传达并指导，执行层输出。一步一步分解任务，直到任务量清晰、执行后得到产品结果。

第 2 种方式在重架构产品中使用得较多，如一个为中国电信客服做的 ToB 产品必须首先了解客服人员每天工作的任务流、操作流及所需模块集合。然后倒推规整为一个一个的功能模块，再倒推形成一个系统。

这两种方式都有缺陷，如一个重架构产品，首先战略层已经确认。换言之，从上到下进行细分功能是合理的思路。但是产品过于复杂且功能特性多、合作部门跨度大，这时看上去从下到上才是正解。此时问题就出现了，如果从上到下分解到了底层功能特性太多且不合使用逻辑，则就紊乱了；如果从下往上倒推，功能特性有组合逻辑，但是到了顶层产品"灵魂"又很难符合最开始战略层制定的方向。

把战略层的第 1 点，即最高父节点称为"大将"；把底层众多的功能特性称为"小兵"。现在的问题是大将下达指令，小兵凌乱；小兵自行组合，大将不能接受结果。所以应该使用最高父节点和底层节点中间的那些点，可称为"队长"。队长整理小兵，形成合力的队伍，队长对大将负责，在队长层合力融合最终完成军队的战斗力合成。

这就是对平衡式使用方式的思考过程，从上到下和从下到上均不行，此时就可以从中间动手。把海量的功能特性与系统架构师确认好，然后通过用户访谈针对目标用户进行测试，让他们对海量功能特性进行认知并分组。这时一个经过系统架构师和目标用户验证的中层结构就确定了，并且"队长"已经产生。此时再思考战略层对产品特质、灵魂的定位，顺推合理的中层结构，另一群"队长"随之产生，他们能实现战略层（父节点）的要求。然后两组"队长"开始融合，从中间出发对上对下各做调整和妥协，得到一个统一的信息架构，其重点是中层结构"队长"。这个中层结构向上能满足战略层的要求，向下能满足底层海量特性功能的实现。

如此交互设计需要精进的一个点就是解决复杂的信息结构，解决的过程和结果会直接影响交互设计师的设计执行力和设计影响力。

2. 自然结构（Organic Structures）

自然结构不会遵循任何一致的模式，节点是逐一被连接起来的；同时这种结构没有太强烈的分类概念，如图3-44所示。自然结构对于探索一系列关系不明确或一直在演变的主题是很合适的；但是该结构没有为用户提供一个清晰的指示，从而让用户能感觉他们在结构中的哪个部分。如果想要用户拥有自由探险的感觉，如某些娱乐或教育网站，则自然结构可能会是个好的选择。但是如果用

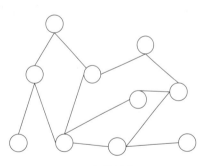

图 3-44　自然结构

户下次还需要依靠同样的路径找到同样的内容，那么这种结构就可能会把用户的经历变成一次挑战。

这样的模式在现在的 ToC 产品中的应用越来越多（特别是游戏娱乐产品），它符合轻架构产品的浏览式形态。

有一种经典的区分用户场景的维度是任务式、浏览式，任务式的特点是完成任务快速并准确，如查询某个航班到达的时间。浏览式的特点是碎片、时间充裕、逛、发散、不聚焦、

注意力吸引式，如漫无目的地刷微博、看知乎。

自然结构很适合轻架构产品的浏览式形式，因为：一是重架构产品，如果用户需要靠浏览或靠猜来使用产品特性完成任务，那结果肯定是不好的，用户会崩溃；二是轻架构产品一般有两种形态，如果不是任务式，则很有可能就是用户处于无聊中，需要进入浏览式。

当然，完全自然结构的设计方式很少：大部分 ToC 产品应该是按任务式和浏览式并行处理的，所以自然结构应该绑定其他信息结构来思考。例如，腾讯视频，自然结构应该考虑绑定层级结构来思考。用户进入视频产品，可能的一种使用方式是心里已经有一个明确的思路，如找 2014 年的美国电影。所以用户利用种类先选择电影，再选择美国电影和 2014 年，然后浏览。这种思考可以算是先层级结构思考，后自然结构思考。

如果用户想看视频，但是没有任何目的。打开视频产品后他们一般进行浏览式操作，这个时候自然架构就产生了价值。用户在首页进行无逻辑浏览，从首页某个电视剧点入，看看详情不感兴趣。从该电视剧的推荐点击到下一个电视剧，仍然不感兴趣。然后从这个电视剧的主演想到他正在演出的一个电视真人秀，又转到综艺节目中浏览。

每个产品对层级结构和自然结构的偏重是不同的，如电商类产品，大部分人去天猫是有明确购买目的的。这个时候任务类操作会显得更重要；但是有没有完全没有购买目的，就是想去天猫花点钱或者找点折扣产品呢？肯定有，但是可能不如第 1 种用户多。所以在信息架构设计中自然结构会是一个重要思考点，因为设计师要时刻记住，用户不是理性的，他们很多时候的操作和想法会呈现随机状态。但是自然结构不是唯一的，必须有层级结构、线性结构、矩阵结构等其他信息框架来配合和约束，才能让产品的整体信息架构完整、可用、有效。

3. 线性结构（Sequential Structure）

线性结构来自人们最熟悉的线下媒体，连贯的语言流程是最基本的信息结构类型。而且处理它的装置早已被深深地植入我们的大脑中了，如图 3-45 所示。书、文章、音像和录像全部都被设计成一

图 3-45　线性结构

种线性的体验。在互联网中线性结构经常用于小规模的结构，如单篇文章或单个专题。大规模的线性结构则用于限制那些需要呈现的内容顺序对于符合用户需求非常关键的应用程序，如教学资料。

线性结构比较容易理解，更多呈现在帮助文档、产品故事讲述等场景。

交互设计需要掌握两个极端的信息架构描述方式：一个是复杂信息架构，充满了层级、跳转、补充、交叉；另一个是极简的线性架构，一条主线就可以讲清楚一个故事，甚至是复杂的故事。

4. 矩阵结构（Matrix Structure）

矩阵结构允许用户在节点与节点之间沿着两个或更多的"维度"移动，由于每一个用户的需求都可以和矩阵中的一个"轴"联系在一起，因此矩阵结构通常能帮助那些"带着不同需求而来"的用户，使其能在相同内容中寻找各自想要的东西，如图 3-46 所示。举个例子来说，如果某些用户确实很想通过颜色来浏览产品，而其他人则希望能通过产品的尺寸来浏览，那么矩阵结构就可以同时容纳这两种不同的用户。然而如果期望用户把这个当成主要的

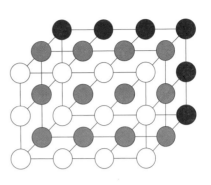

图 3-46　矩阵结构

导航工具，那么超过 3 个维度的矩阵可能就会出现问题。在 4 个或更多维度的空间下，人脑基本上不可能很好地可视化这些移动。

现在大部分设计团队的 KPI 评估方式，就是矩阵结构。一方面向业务线负责，以设计支撑产品商业成功；另一方面向设计线负责，以设计专业经验支撑团队专业影响力建设和技能成长建设。

设计师如何平衡这个矩阵结构管理方式是其成长的关键点之一。

设计师做完一个产品，一定要回头从信息架构层开始往下想这个产品信息架构做了什么样的创新和调整？产生了什么价值？不要仅仅拘泥于做界面元素的规范和设计细节问题解决沉淀等，因为信息架构是交互设计大局观的最好的锤炼基石。

3.7.3　信息架构设计过程

简单来讲，信息架构指的是 App 或网站中全部信息的组成结构，经过认真梳理的信息架构可以使产品更加易于理解和导航。这有些类似于作家在动笔之前首先拟出故事的大纲，或是建筑师需要以精准的蓝图作为一切工作的基础。

1. 整理和罗列信息

信息架构包括信息本身、信息的组织、导航的组织、业务流程的设计等，因此在设计之初必须明确具体的展示信息。这些信息可以通过从用户和行为、系统行为、子系统和客户端等维度进行收集和整理，并用表格将这些"信息元"罗列出来。

（1）用户和行为。

对用户进行分类，并且罗列用户的主要行为，适当描述行为的流程。

用户的分类中 1 级为用户分组，我们称为"角色"。例如，产品运营方角色进行的操作是管理维护内容、业务；消费者角色进行的操作是查询、下单、社交、分享；供应商角色进行的操作是订单管理、商品维护、售后服务等，多个角色最终组成产品的生态体系。

每个角色有不同的权限需求，衍生出对应的角色。例如，管理员、客服、普通用户、小编、VIP 会员、供应商、配送员等。不同用户前端展示功能的权限差别如表 3-7 所示。

表 3-7　不同用户前端展示功能的权限差别

	行为	普通用户	小编
前台	喜欢	●	●
	收藏	●	●
	讨厌（删除）	●	●
	创建单图	●	●
	编辑单图	●	●
	搭配空间	●	●
	编辑搭配	●	●
	发起话题	●	●
	编辑话题	●	●
	参与话题	●	●
	创建标签	●	●
	登录	●	●
	注册	●	●
	忘记密码	●	●
	发送消息	●	●
	回复消息	●	●
	搜索	●	●
	审核		●
	删除		●

详细列出每个角色在使用产品时的操作行为，例如，购买商品、充值/提现、创建新商品、分享照片、领取任务、邀请注册。其中一定有某些行为与团队经历和市场常见的需求不同，需要指出特殊流程，通过对特殊流程的描述将有助于指导业务逻辑和数据库的设计。

（2）系统行为。

除了人为操作的行为，有一些行为属于系统自动执行的。系统自动统计的表单示例如表 3-8 所示。例如，自动统计订单、自动结算账单、自动发送信息等。这类行为往往需要服务器端运行定时策略，执行后会产生或改变数据。相比由用户操作的被动执行程序，它也称为"主动执行的程序"。

表 3-8　系统自动统计的表单示例

行　为	说　明
每日生成统计	统计内容包含：订单、充值总额、消费总额、退款总额、优惠总额、用户数
每日自动结算	自动判断账单是否逾期，生成罚单；余额足够，自动填平账单

（3）子系统和客户端。

分析了用户分类和各种行为之后，即可将系统划分为几个子系统和依托几个客户端。例如，运营方使用的运营管理系统是一个 PC Web 端子系统；消费者购物用的子系统包含 4 个客户端，即 PC Web 端、iOS 端、Android 端、微信 H5 端；本书撰写工具——有道笔记包括 Windows 客户端和 Mac 客户端。某运营管理系统版本划分示例如表 3-9 所示。

表 3-9　某运营管理系统版本划分示例

子系统	客户端	第一期	第二期	第三期
用户	PC 端	●		
	iOS 端		●	
	Android 端		●	
	微信 H5 端	●		
商家	PC 端	●		
	iOS 端			●
	Android 端			●
运营管理系统	PC 端	●		
仓配管理	Windows B/S 客户端			●

罗列所有子系统和客户端并对每个客户端做阶段性开发的排序，产品生命周期往往是先抓住种子用户，针对这个人群推出合适客户端。

2. 结构选定

整理出来的信息就如同一块块积木，我们现在要找到合适的方式将其组织起来，也就是从常用结构中找到合适的结构或者结构组合。以淘宝 App 为例，产品展示、下单和产品推荐均需要选定合适的结构，这 3 个层次的结构要求并不完全一致。

选定结构组合后便可以开始信息架构，最终目标就是确定每个界面上展现的信息，即每个子系统和客户端拥有多少个界面，每个界面如何命名（中文和英文）。

首先需要划分子系统和客户端，再划分内容模块，最后罗列每个界面的名称。例如，运营管理系统、PC Web 端、商品管理及商品列表。

可以将界面区分为 3 种类别，即 page、tab、dialog，再区分它们的显示状态和层级关系。信息聚合成页面示例如图 3-47 所示（图中仅显示 page、dialog）。

每个团队有自己的界面的命名规范，可以采用"内容＋形式"的命名规范。例如，goodsList、articleDetail、orderForm、cartGoodsList。

PC Web	首页			index
	单图	单图列表	page	photoList
		单图详情	page	photoDetail
		创建单图	dialog	photoCreate
		加入收藏	dialog	addFavorite
		审核	dialog	check
		删除	dialog	remove
	搭配	搭配列表	page	groupList
		搭配列表	page	groupDetail
		创建搭配	dialog	groupCreate

图 3-47　信息聚合成页面示例

在信息架构分析表中可以加入少量项目管理的元素，在界面分布表中可以加入UIMock、静态样式和接口集成的开发进度，以描述界面设计和前端开发是否完成。

3. 设计标签系统

比如，要设计一个网站，用户和网站拥有者之间的对话通常是从网站的主页开始的。要了解对话是否成功，可以连接到某个网站的主页。尽可能忽略设计上的其他因素，然后问自己一些问题。例如，主页上显著的标签是否吸引你？如果是，其原因是什么？一般而言，成功的标签是不显眼的。如果标签是新的，没有看过或者令人困惑的，网站上是否有说明？或者，是否必须点击一下才能知道？虽然不科学，但这种标签测试的行为可以了解与用户实际对话的情形。

网站在向用户传递信息时，通常来说非常缓慢而低效，我们关注身边的E时代青年及其父辈在面对同一个网站时响应速度差多少就可以初步有个感受。这种"电话游戏"会让信息被模糊掉，所以这种并非出色的中介媒体如果没有什么视觉上的线索，沟通就会很困难，因此命名标签也就显得更加重要。为了把这种交流中断减小到最小，信息架构师必须尽其所能地设计标签，使其能够和网站用户的观点保持一致，而且又能反映出实质内容；此外，就像对话，对某个标签有问题或疑惑时也应该予以澄清和说明。标签也应该教导用户理解新的概念，协助他们快速辨认出熟悉的标签。

对Web而言，我们常常会碰到两种标签格式，即文字型和图标型。虽然网站的本质以视觉为主，但文字标签是最常见的标签。它包括以下几种。

（1）情境式链接：指向其他网页中大块信息的超链接，或者指向同一网页中的另一个位置。

（2）标题：此种标签用于描述接在其后面的内容，就像是打印标题一般。

（3）导航系统选项：代表导航系统中选项的标签。

（4）索引术语：供搜索或浏览的关键词和标题词，代表的是内容。

上述分类标签仅供参考，因为它并不是非常贴切，既不排他又不唯一，但也不是没有工程学上的意义。单一标签可以有双重责任，如，情境式链接"裸体高空弹跳"可以指向一个网页，此网页的标题就是"裸体高空弹跳"并且已经被索引为"裸体高空弹跳"。这一类的标签也可以是图标，而非文字的。

设计有效的标签可能是信息架构中最困难的部分，即使可以设计完美的标签，但语言本身仍然是相当模糊的。设计师永远都会担心某个术语的同义字、同音异义字，以及会影响用户理解该词的不同情境。但是，即使是命名标签的惯例有时也是有问题的，如绝对不能假定网站所有的用户都能正确解读"主页"为何意；此外，自己的标签永远不会完美，只能希望努力会带来不同的效果，因为要评估标签的有效性是相当困难的事。

设计标签系统还是有一些通用原则的，要记住的是内容、用户和情境会影响信息架构的各个层面，对标签而言更是如此，任何与用户内容、情境有关的变量都会让标签落入模糊之地。

以 pitch 这个词为例，从棒球（要丢的）到足球（英国的足球场地），从销售（有时候指高尔夫课程）到航海（船首在水中的角度），它至少有 15 种不同的定义。我们很难确定网站的用户、内容和情境会趋向相同的定义，这种模糊性使得我们很难设计标签描述内容，而用户也很难根据自己的假设理解某个特定标签的意义。所以我们要确保标签能够更具有表达力，更少点模糊性，下面两个原则应该对设计师有所帮助。

（1）尽量窄化范围。

如果我们把网站锁定在更加明确的用户上，就能减少某个标签可能的意义范围，固守少数几个具体的主题领域可以得到更明确而有效的表达力。窄化的商业情境就是指网站的目标和架构更明确，显然标签也会达到更明确的效果。

另一种方法是如果网站的内容、用户和情境都保持简单和集中，命名标签就会简单许多。很多网站都放了太多东西，导致内容宽泛反而平凡，没有专注在少数几种工作上。因此标签系统的范围常常涵盖太多，而无法真正达到效果。如果正在规划网站的范围，如谁要用网站、内容是什么，以及网站怎么用、何时用、为什么用等，则锁定简化命名标签作为目标就会使标签更有效。

如果网站必须挤入所有的"领域"，则要避免使用代表整个网站内容的标签（明显的例外是全站导航系统的标签，其范围就是整个网站）。为其他领域命名标签时，把内容分成模块并予以简化后置入各子网站中，用来满足特定用户的需求。这样就可以使设计更具有模块化的优点，而标签的集合也更简单，更能代表这些特定领域的内涵。

这种模块化的做法可能导致网站不同的区域产生个别的标签系统，如员工名册的记录可能比较适合使用特定的标签系统，但是对网站的其他部分而言并无意义；同时，全站导航系统的标签又不适用员工名册中的条目。

（2）开发一致的标签系统，而非标签。

标签是自成一体的系统，和组织系统、导航系统一样。有些是有规划的系统，有些则不是。成功的系统设计要拥有一些特质，就是统一其下的所有成员。成功的标签系统中的一种特质就是一致性。

为什么一致性很重要？因为它代表的是可预测性。当系统可预测时，就容易学习。看见一两个标签，如果系统是一致的，就知道其他标签是怎么回事。对第1次造访网站的人而言，这一点特别重要。一致性会让所有用户受益，让标签系统更容易学习、使用，因此也就更能达到视而不见的效果。

一致性会受到如下因素的影响。

① 风格：标点符号和大小写的用法不一致是标签系统常见的问题，如果无法消除此现象，则可以由样式指南解决。可以考虑雇用一名校对者参考 Strunk 和 Whte 编写的《The Elements of Style》来校对。

② 版面形式：字体、字号、颜色、空白、分组方式的一致性应用也可以从视觉上强化标签群组的系统性本质。

③ 语法：常常看见以动词为主的标签，如"打扮爱犬"。以名词为主的标签，如"爱犬饮食"。有疑问句的标签，如，"你怎么训练爱犬？"这些在特定的标签系统中可以考虑选择一种单一的语法样式。

④ 粒度：在标签系统中让标签的意义大致等同于它们特定的内涵是有帮助的。不考虑例外情况（如网站索引），用户要是碰到一组标签的含义有不同的粒度，则会感到很困惑。例如，"中国菜餐厅""餐厅""法式快餐店""汉堡王"等。

⑤ 理解性：用户可能会被标签系统中的大间隙绊倒，如果服饰零售商的网站列出了"裤子""领带""鞋子"，却漏掉了"衬衫"，用户可能会认为哪里出错了。除了改善一致性，能让人充分理解的范围也可以帮助用户快速地扫描网站，推论出网站提供的内容。

⑥ 用户：把"淋巴瘤"和"肚子痛"这样的词混在某个标签系统中，即使只有暂时性的困惑，也会让用户感到不解。要考虑网站主要用户的语言，如果每一种用户使用不同的术语，则要为其开发独立的标签系统，即使这些系统表的内容都是相同的。

4. 导航和搜索系统

这里先讲一个童话故事。一天，小蜗牛到森林里去玩，森林里风景宜人，鸟语花香。小蜗牛玩着玩着，一时忘记了时间。天渐渐地暗了下来，小蜗牛发现自己迷路了，不知道怎么回家了，只有伤心地坐在地上呜呜地大哭起来。乌龟伯伯刚好路过这里，发现小蜗牛坐在地上哭就上去问他："小蜗牛，你为什么在这里哭？"小蜗牛伤心地回答："我迷路了！找不到回家的路了。"乌龟伯伯用安慰的语气说："不用着急，我会带你找到家的！"

小蜗牛跟着乌龟伯伯走呀走，这时天空中已经挂起了美丽的月亮。乌龟伯伯一边走一边找，突然看见在树林的那边有一个小屋。上面挂着一个标牌，标牌上画着一只大蜗牛。乌龟伯伯问："那儿是你的家吗?"小蜗牛开心地说："是的，那就是我的家! 乌龟伯伯，谢谢您! 乌龟伯伯，再见!"小蜗牛话刚说完就飞也似地跑回家了。

这个乌龟伯伯就是导航和搜索系统，而可怜的小蜗牛就是用户，那片森林就是设计师的作品。

童话故事告诉我们迷路不是好事，会伴随困惑、沮丧、愤怒和恐惧。为了应对这种危险人们开发了导航工具，让我们可以找到回家的路。从面包屑到罗盘、星盘、地图、街上的路标，以及全球定位系统，人类在导航工具和寻路策略的设计与应用方面展现了十足的创意。

我们利用这些工具计划行程，确认自己的位置，找到回家的路。当我们在探索新环境时这些工具会提供一种情境和舒适感，任何曾经在日落时分开车经过陌生城市的人都知道这些工具和策略在日常生活中扮演的重要角色。

不论是 Web 还是移动软件，导航虽然算不上生死攸关的问题，但是很令人困惑和沮丧。虽然良好的分类设计可以减少用户迷路的机会，但是通常也需要有辅助性的导航工具提供情境，以增加更多的灵活性。结构和组织与建造房间有关，而导航设计则会增加门窗。

导航系统由多个基本元素或者子系统所组成，首先，我们有全站、区域和情境式导航系统，可以在网页内自行整合。导航系统示意图如图 3-48 所示。

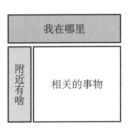

图 3-48　导航系统示意图

这些嵌入式的导航系统通常环绕在网站的内容周围或者融入内容之中提供情境和灵活性，帮助用户了解他们人在何处，以及可以去何处。这 3 种主要的系统，一般都是我们所需要的，但就其本身而言并不够。

(1) 全站导航系统：常驻的全站导航系统如网站页面顶端的导航栏、App 的标签栏，这些导航系统允许用户不管在何处都可以直接访问关键区域和功能。

(2) 区域导航系统：作为全站导航的辅助系统，一般用于子网站，这样用户就可以立刻探索相关的区域。

(3) 情景式导航系统：即指向特定网页、文件或对象的情景式导航链接，如文章内容中的内嵌超文本链接，商品详情中的推荐商品。情景式导航支持联想式学习，用户可以通过探索定义的条目之间的关系进行学习，了解还不知道的有用产品。

仅有上述导航系统还是不够的，还需要辅助性导航系统，如网站地图、索引、指南等。

这些辅助性导航系统提供不同的方式以获取相同的信息，类似于搜索。网站地图提供鸟瞰式的视角来观看网站，A到Z的索引可以直接获取内容。而指南通常是一种线性导航，即专门针对特定的用户、任务或主题而设计的导航方式。

每一种辅助性导航系统都有其特定用途，而且其设计目的就是为了能融入整合的搜索系统和浏览系统后所呈现的较宽阔的架构。

导航系统的设计会让我们深入信息架构、交互设计、信息设计、视觉设计，以及可用性工程之间的灰色地带，这些都可以在用户体验设计这把大伞下分类。

开始介绍全站、区域和情境式导航时就发现我们处在链接策略、结构、设计和实施细节的关键点上，会遇到各式各样的问题。例如，区域导航条放在网页顶端还是放在左边比较好？要不要用下拉式菜单、弹出式菜单，或者层叠式菜单（Cascading Menu）来减少点选的次数？用户会不会注意到灰色的链接？使用蓝红链接的颜色惯例会不会更好一些？

面对这些问题，踌躇是没有必要的，因为我们必须做出决策。我们可以试着划出一条明确的界线，并主张有效的导航只不过是组织良好的系统的表现形式。

搜索系统是导航系统的一个弥补，在内容非常繁多（可能是5页或10页，依赖于产品特点）时是用户访问内容的一个快捷入口。这个需要权衡，不是什么内容都支持搜索的，也不是什么内容用户都喜欢搜索的。通常来说，文字是搜索较容易支持的内容。不过如果效果不好，反而会引发用户反感。

5．质量评估

（1）信息完整性。

结合"产品设计5要素"模型中战略层和范围层对信息的划定，分别检查信息架构是否完整。

在战略层上必须要求产品的信息架构能凸显企业战略及企业诉求，如一个社交类软件的信息架构中不具有分享操作和分享添加创意。

对范围层来说，会关注产品完成的功能和提供的信息，所以将范围层比作功能群和信息群，二者之间互相交叉，并没有明显的界线。

① 功能群：我们可以将群分为两部分，即常规功能（如注册和登录等）和体验友好型功能（如筛选、排序）。需要强调的一点是，产品经理的需求文档可能不会关注体验友好型功能，很多情况下是交互设计师通过竞品分析、用户调研，甚至是场景脑补出来的。

② 信息群：它来自三部分，一是来自功能的信息，如登录功能会涉及手机号和密码等信息；二是本身存在的信息，如，帮助信息；三是体验友好型信息，来自交互设计师的设计。

以基金产品为例，其功能群包括下载、注册等功能；信息群包含基金名称、基金代码、最新净值、近半年涨跌幅等一系列繁多且无序的信息，如图3-49所示。

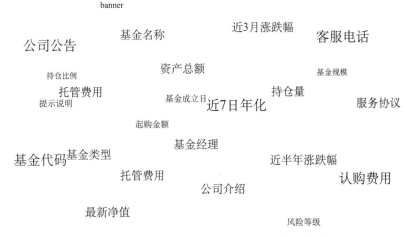

图 3-49　信息聚合前的无序信息——基金产品的信息群

此时就需要设计一种结构能让信息元更易查看且更高效有序。

信息架构设计主要研究信息的呈现，即用户认知信息。不同的信息组合和选择，对应不同的理解成本，如何让展现给用户的信息更加合理且有意义就是信息架构的作用；同时信息架构的设计还会向下呼应战略层的策略，即满足用户需求。让用户可以在一定的信息规划下更易找到想要的内容，以满足产品目标。通过信息架构设计的说服和通知用户使用产品，以达到盈利的目标。

（2）信息清晰化和结构化。

信息组织和编排的方式应当逻辑清晰，能够让用户更好地理解产品的设计意图，并且缩短用户的操作流程，从而提高转化率，获取 GMV 或者流量。

信息的清晰化还要求所有的专业词汇、项目特定词语都必须统一规范，不能在专业领域内有歧义。

结构化体现在网站地图的使用上，没有有效使用的网站地图会误导访问者，而有效使用的网站地图不仅能提示用户网站上有什么；同时也能充当沙箱，助力建设以用户为中心的组织系统。

（3）信息可用性。

用户在使用软件或者浏览网站时通常并不关心企业自身的信息，更为关心的是自身的需求。比如，浏览购物网站就是为了买东西，然后回到自己的正常轨道。因此信息架构应当协助用户把焦点放在需求上，而不是公司架构上，这个问题在企业黄页中表现得非常普遍；此外，目前用户获取信息的来源中搜索引擎已经占了很大一部分，因此信息可用性同样表现在如何让用户能更快地通过搜索引擎找到自己所需的信息或者访问所需要的页面。

3.7.4　信息架构对布局的影响

信息架构的实际结构均会影响到页面的布局，在页面间的关系上页面跳转和组织与信息架构有对应关系；同时，在页面内部，页面切分和各部分间的组织关系也与信息架构有对应关系。

页面布局除了需要考虑信息架构以外还必须考虑展示的物理载体，也就是说计算机屏幕、手机屏幕或者其他显示屏。

以移动设备为例，除了软件自身信息架构的限制，还具有相当多的约束，如图 3-50 所示。

图 3-50　移动设备 UI 设计的约束

1. 属性与规格

绝大多数移动设备配有触摸屏，用户主要通过手势及一些简单的界面元素进行操作。由于受限于屏幕尺寸，所以有时我们希望屏幕中的显示内容结构更简单精致；同样由于受限于带宽和连接速度，移动端的设计需要优化加载时间，减少数据请求。

2. 为何、何地与何时

由于需要不间断地查看手机信息，所以我们往往会更频繁地使用手机。乘坐公交车和街上漫步时或看电视时，它们都无处不在。甚至我们通常做一些其他事情时也在使用，这意味着我们可能在一些复杂的视觉环境下或是一系列干扰条件下使用手机。

3. 我们如何行动和感知

使用移动设备时我们有不同的态度、行为和优先级，作为 Going Mobile 2012 研究的一部分，用户体验设计机构 Foolproof 指出移动设备赋予我们一种新的自由感和控制感。还有一些用户反而对他们的移动设备产生了非常真实的情感，Foolproof 指出当智能电话不在身边时，63％的人会感到失落不安。他们把这些设备描述为"有生命的"，是其身体和人格的一种延伸。

移动设备从根本上改变了用户的期望，因此对于设计师而言，非常重要的一点是遵从以用户为中心的设计流程来设计，但是问题在于以往那些最佳的传统实践方法并不总是可以参照的。

在设计页面布局时虽然响应式站点的结构可以采用标准模式，但是，以本机应用为例，通常会采用基于标签的导航式结构。要强调的是移动站点或应用的架构并无定式，如比较热门的模式为分层结构、轴辐式结构、套娃结构、标签视图结构、便当盒/仪表盘结构及筛选视图结构。

（1）分层结构。

分层结构是一种比较标准的网站结构，拥有索引页及一系列子页，如图 3-51 所示。对于响应式网站，可能这是唯一可用的模式，不过也可以自己构思其他模式来针对移动端量身定制用户体验。

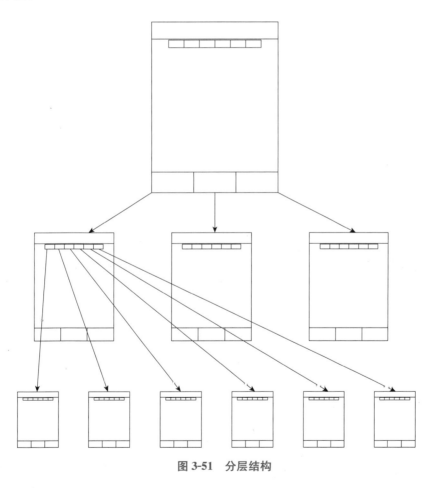

图 3-51　分层结构

Luke Wroblewski 的"移动为先"方法可以帮助我们将注意力优先集中到关键的内容上，如有助于打造优秀用户体验的功能及用户旅程等。

该结构适合于组织需要遵循台式机网站结构的复杂型网站结构。

要注意该结构的导航设计，多层面导航结构容易给使用小屏幕的用户带来问题。

（2）轴辐式结构。

轴辐式结构可让用户通过中央索引向外导航，如图 3-52 所示，这是 iPhone 默认采用的结构。用户不能在各个"辐条"之间导航切换，只能先回到轴心后再出去。这种结构在历史上一直用于工作流程存在限制（通常是表单或购买流程等技术限制）的台式机中，但现在也开始逐渐流行到了移动端，因为移动端用户往往需要专注于单项任务；另外设备的形状因素也会造成全站导航使用比较不便。

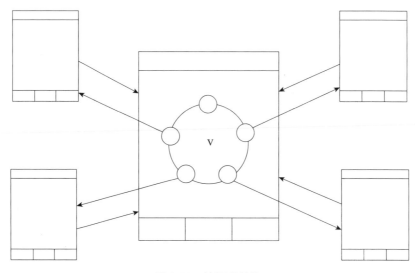

图 3-52　轴辐式结构

该结构适合于每个功能都有自己内部导航和用途的多功能工具。

（3）套娃结构。

套娃结构能够以相对线性的方式引领用户查看细节内容，如图 3-53 所示。

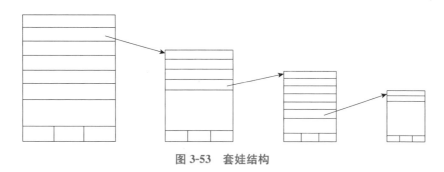

图 3-53　套娃结构

当用户身处环境不便时，这种导航方式相对比较快捷简单，简单的前后推进模式还能让用户清楚明确地知道自己目前在内容结构中的位置。

该结构适合于主题单一或彼此相近的应用或网站，也可用作其他结构的子结构，如，标准分层结构或轴辐式结构。

要注意的是，用户无法快速在不同板块间直接切换，所以要考虑其适用性，不能成为对内容探索的障碍。

（4）标签视图结构。

如图 3-54 所示，这是普通用户比较熟悉的模式之一，实际上就是通过工具栏菜单把一系列板块绑在一起，这种方式可以方便用户在首次打开时快速浏览并理解应用的全部功能。

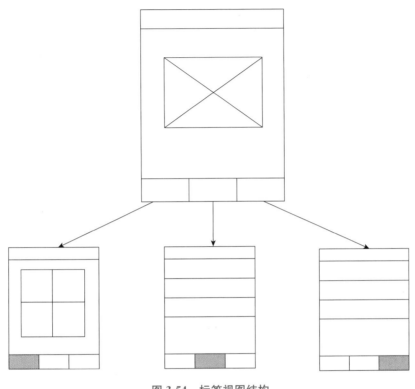

图 3-54　标签视图结构

该结构适合于主题类似的工具类应用，要注意的是不要做得太复杂。

（5）便当盒/仪表盘结构。

便当盒/仪表盘结构可以通过使用组件形式展示相关工具或内容的不同部分，将详细具体的内容直接呈现到索引屏幕上，如图 3-55 所示。该结构比较复杂，适合于平板电脑。它可以让用户一眼就能发现关键信息，因此功效强大，但是这种结构也严重依赖于设计界面的优劣及信息呈现是否明确。

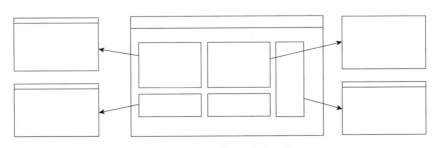

图 3-55　便当盒/仪表盘结构

该结构适合于主题类似的多功能工具类应用和基于内容的平板电脑应用。要注意的是，平板电脑的屏幕较大，因此能够留出更大的空间发挥这一结构的优势。但设计时尤其要注意理解用户与各部分内容之间进行交互的方式，以确保应用的简便和乐趣性。

（6）筛选视图结构。

如图 3-56 所示，筛选视图结构可以让用户通过选择筛选器选项来形成分类视图，以便在系列数据中导航，筛选及分类搜索方法是方便用户以自己喜爱的方式探索内容的好方法。

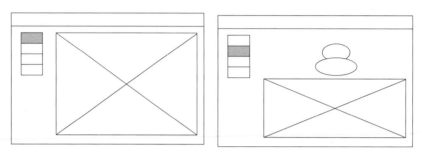

图 3-56   筛选视图结构

该结构适合于内容量大的应用或网站，如文章、图片和视频类网站，可以用作杂志类应用或网站的模板或者其他导航模式的子模式。

要注意的是该结构在移动端的应用，考虑到复杂性问题，筛选器和分类搜索在比较小的屏幕上显示时可能会有困难。

3.7.5   信息架构设计的注意事项

1. 减少目录级数

宏观考虑软件功能的布局并梳理各功能间的关系，通过适当增加同一层的目录数，减少目录的级数来减少用户点击的次数。这是减少信息深度的最直接方式，但此种方式应避免的问题的是不要为了减少用户操作而一味地将所有信息进行平铺。与其在一堆毫无规律的功能中寻找一个功能，还不如从分类清晰的目录中寻找来得容易。

2. 功能的排布要有逻辑，分类要清晰，命名要准确、易懂

软件各功能间的关系要有逻辑性，同类型的功能要归好类。并且分类及功能的命名要准确，易懂，不要使用过于专业的术语。避免把一类功能放在另一类中。

3. 减少操作次数、减少界面跳转层级

因为每多跳转一个界面就可能流失部分用户，所以在设计中应该尽量减少用户操作的次数。我们可以采用页签或手风琴等架构方式来减少界面跳转的层级，页签架构、手风琴式架构可以高效地改善此问题。

4. 操作要顺畅，界面跳转符合用户心理预期

支持随时随地的返回，因为手机屏幕较小显示空间有限，所以相比同一款软件在 PC 上信息层次而言，小屏幕设备的信息层次就会变得更加深。用户在多个界面之间跳转时要保证其操作通道的通畅性，要能快速地找到出口，并且随时可以返回上层操作。这样会增加用户的安全感。

还要做到从哪儿来回哪儿去，小屏幕设备的信息架构较深，界面较多。为了避免用户在多个界面之间跳转时迷路，当用户执行返回操作时所返回的界面一定是其刚刚操作的上一层界面。比如，用户从编号为 01 的界面进入到 011 界面，又从 011 界面进入到 0111 界面。此时返回时一定是返回到 011 界面，而不是 01 界面。

3.8　UED 流程注意事项

用户体验的基本设计流程为设计→测试→评估→再设计，这是一个逐渐收敛的过程，需要反复迭代。虽然目前市场对每个项目的开发周期要求异常严格，但这个迭代过程依旧必不可少。这个过程可以从两个方面进行解读，一是必须要经过迭代，因为用户具有不可靠性，避免出错的唯一办法就是改正错误；二是不能为了避免迭代而将项目过多地停留在一个单一的设计阶段。敏捷设计不会给设计人员太多的思考时间，而赶产品时间窗原本就是无法以人的意志为转移目标的。过多地停留无疑会延长产品上市时间，具体应注意如下方面。

（1）由研究用户和用户任务入手：首先应该找出用户是谁，并且研究其认知、行为等的特征。这就需要观察用户如何执行日常任务，研究用户任务的本质并且让用户参与设计过程。

（2）经验测量：在开发初期应观察并分析用户如何使用场景描述、说明等，在开发后期应观察、记录并分析用户如何与模型和原型进行交互。

（3）迭代设计：如果在用户测试过程中发现了问题，则应修改设计，并做进一步的测试和观察，以检验修改的效果，这意味着设计和开发是迭代式的。

3.9　课后习题

1. "今年过节不收礼，不收礼呀，不收礼，收礼只收脑白金，脑——白——金"是耳熟能详的广告，请结合用户体验理论对这类广告在听众头脑中投射出广告效果的机理。

2. 以民间谚语为例，对认知的三条规律逐一举例，并分析其具体情况。

3. 知乎是一款经典的知识型软件，请倒推其信息架构，并将倒推过程形成文档提交。

4. A 公司需要为当前大学生群体设计一款以视频服务和社群服务为核心的应用软件，请以情绪板为工具，为工具设计 5 套备选色彩方案，并详述过程。

新产品定义是完整的产品创新流程，是从创意产生、产品概念测试、产品定义、产品研发到产品上市推广中的一个关键阶段。它是对产品是否可以开发的关键评估，以产品创新作为获取利润手段的公司从不会把没有做好产品定义的产品推向市场。

新产品定义的前期阶段的任务是洞察行业及技术的发展趋势，倾听客户的需求并将其融入新产品开发中，并对细分市场特征和客户价值取向进行认真的调研和预测，增加市场需求分析的准确度；同时将模糊的需求转化成清晰的产品概念，并明确产品的关键成功指标，包括产品功能的取舍。有了新产品定义这一套实用、可衡量且可考评的方法就可以在产品创新的整个过程的各个阶段做到创意无限、需求清晰、定义明确、开发有序、测试有效，从而保证产品上市成功。

软件产品定义的实施过程通常包含产品策略调研、市场信息收集、项目定义、项目计划、项目评审、可行性分析等环节，本章主要聚焦于技术层面的市场信息收集、盈利模式分析、模块化方法应用和产品需求文档（PRD）编制，采用的工具有脑图工具（Xmind 等）、文本编辑工具（Word、Visio 等）。

4.1　市场信息收集和客户需求整理

用户研究方法的主要目的在于收集市场信息，在这一过程中。用户研究人员需要倾听并且重视用户的声音，其中包括前瞻性地发掘一些用户并未直说明却隐含有此需求的一些期望，让用户在一开始就参与新产品设计，并在其中发挥举足轻重的作用。在做市场细分时应确定产品市场范围，即目标市场；同时分析潜在用户的不同需求，根据差异性、可衡量性、可进入性和效益性来决定选择最有利于公司的细分市场作为服务对象。

4.1.1　收集市场信息的必要性

针对产品或创意开展市场信息收集工作的任务主要归属于公司市场部，但是，身为产品设计人员也必须具有市场部人员的敏感度和专业度。大型公司会成立专门的市场部，但是

IT 公司普遍以规模精简和平坦化管理著称。对小规模 IT 公司而言，产品设计人员和产品经理必须要有意识地将触角覆盖市场部，这样才能有效培养自己的市场敏锐度和产品设计的细腻程度。

通常，市场部的工作包括如下两个基本职能。

（1）定义产品，即市场部为贯彻公司的经营目标，站在行业发展和市场需求的角度确立公司应该开发的产品和服务，并用语言文字和图表把这一产品和服务清晰地表达出来。要完成好这一基本职能，就需要做好市场调研、产品分析和定义、产品开发 3 个方面的工作。

① 市场调研：调查研究是一切工作的开始，没有调查就没有发言权，也没有新发现。调查研究是公司一切决策的基础，在公司里一般设立市场调研中心之类的部门来开展此类工作。由这类部门根据公司的经营目标和经营范围来制定市场调研的信息收集范围、内容、标准、方法，以及信息汇总分析的内容、关键指标、格式，还有信息交流传递的机制和流程等。市场调研收集的信息种类一般包括宏观经济信息、行业信息、竞品信息、消费者信息、本品信息、客户信息等。

② 产品分析和定义：公司结合收集的各类内部信息、外部信息，以及公司的经营方向、目标计划、自身资源、优势、以往的销售数据等进行综合分析，确立公司产品的开发计划并对产品进行可行性分析，而这部分工作一般由品牌中心的品牌总监指导产品经理来完成。由该部门根据公司的经营目标制定产品定义工作的流程、内容、标准，以及产品经理的工作职责、方法、工具、标准等。产品经理的工作一般包括定期市场信息分析评估、定期产品线销售跟踪分析评估，在品牌总监指导下提出阶段性产品线整合意见、新品概念和开发计划、老品改造计划、可行性分析，以及制定产品 VI 标准，并且指导协调产品开发中心和销售部进行新品的开发设计，以及市场调研、试销、演示、封样，协助指导市场策划中心制定产品市场推广策略中相关品牌部分的工作项目等。

③ 产品开发：产品经理提出新产品概念并具体化为新产品开发计划，经过可行性分析，由公司批准同意后交给产品开发中心来负责落实新产品的开发工作。产品开发中心负责协调组织公司内部的生产部门、质量部门、外部的原材料供应商、包装设计等单位执行新产品开发，并制定相关工作的业务流程、内容、标准等。产品开发中心的工作一般包括组织执行新产品开发、执行相关附加赠品开发，以及计划、组织、管理产品包装和附加赠品采购、收集调研相关行业信息等。

（2）制定产品的推广策略并跟踪指导，新产品开发出来以后如何指导和协助销售部门销售？向什么样的消费群推广？通过什么样的渠道去推广？怎样推广？以上问题均涉及市场部的第 2 项基本职能，即制定产品的推广策略，介绍如下。

① 品牌树立和维护推广：公司销售的产品给消费者带来的满足不仅是物质层面的，更应该是精神层面的。随着市场竞争的加剧，产品的同质化现象越来越严重。如何在目标消费者心目中建立公司产品的形象和地位，使公司产品和竞品形成有效区隔，从而树立公司产品

的差异化形象？以及如通过品牌形象地位的不断提升来巩固和提高用户对品牌的忠诚度，增强公司产品的销售力？要做到以上几点就涉及如何树立品牌形象，以及如何维护品牌形象的问题，这方面的工作通常由品牌中心的品牌总监领导内部的品牌管理经理、公关传播经理、产品经理，以及外部的品牌服务公司、媒体传播公司共同协作来完成。品牌中心根据公司的经营目标、行业地位、市场环境等情况确立和调整公司的品牌定位，传播理念、CI 和 VI 形象，确立和调整品牌管理标准，制定和执行公司品牌的媒体传播、公关活动计划，并且制定和执行公司文化的传播和公关计划。

② 产品推广：产品被推向市场后不仅存在如何销售的问题，更存在如何规范销售的问题。为此需要市场部向销售部提供市场策略支持，并进行跟踪指导服务，这部分工作通常由类似策划执行中心的部门来落实。策划经理在市场策略总监的指导下，由产品经理配合协助其制定新产品推广方案，与销售部交流沟通新产品推广方案；同时跟踪和指导销售部执行新产品推广方案，并对新产品推广情况进行监管评估和分析反馈。

③ 市场监管：为了维护市场销售的有序性，防止市场和渠道之间的串货行为，并且打击假冒伪劣产品，保持市场的稳定性；同时为了维护品牌形象、规范销售行为，保持公司品牌形象的统一性和规范性，以及协调客户投诉搞好公司的售后服务工作，需要开展市场监管工作。这类工作通常由市场调研中心负责，在调研总监的指导下市场监管员与调研经理协作落实并执行公司的各种监管工作。

④ 人员培训：为了不断提升营销队伍的综合素质和工作执行力，需要定期对员工开展系统的培训工作，这部分工作通常由市场部负责组织实施。可以聘请外部培训机构来培训，也可以组织市场部和销售部编写教材，开展内部培训。市场部要负责确定培训的内容、挑选培训人员、审核培训材料、组织培训、进行培训评估等工作，在特别大的公司里还会设立专职的培训师。

4.1.2　需要收集的典型市场信息

我们面前的产品通常有两种类型，即已经有人在探索或已经推向市场的产品、划时代的全新的产品，两者需要收集的市场信息略有不同，不同部分在于竞品分析。

简单来说，我们大概要收集以下信息。

（1）市场上相同产品的市场定位及消费群体的组成。

（2）哪些是主流品牌，并且通过哪些渠道实现销售。

（3）销售价格如何。

（4）供应商是谁。

通过分析可以得出市场主流品牌在主流渠道的型号或版本，并了解其外观设计、价格定位、年销售量，从而帮助业务部门锁定开发目标及可能的潜在项目。

1. *产品*

了解该产品的市场、所处行业及消费者对它的定位。

（1）分析该产品的用途。

（2）市场定位。

（3）消费群体。

（4）产品设计及其趋势。

（5）延伸产品及类似功能的产品。

2. 品牌

分析哪些品牌是市场的主流品牌。

（1）收集市场上该产品的大部分品牌。

（2）品牌数量。

（3）市场上主流品牌的集中度。

（4）品牌定位。

3. 渠道

分析并得出该产品的主流销售渠道。

（1）销售渠道分类。

（2）主要销售渠道有哪些。

（3）销售渠道对消费者群体的定位，以及哪些品牌进驻该渠道。

4. 价格

获取当前市场对该产品的价格构成，从而推断其盈利模式。

（1）渠道商的价格定位及价格段组成。

（2）品牌商产品在不同渠道的销售价格。

5. 主要供应商

某品牌产品的主要供应商，除此之外，还要分析成本、包装费、船上交货价（FOB）等价格及其变化趋势。

4.1.3　竞品分析要点和模板

竞品分析是市场信息中最关键的一个部分，这部分有条有理，有因有果且有具体的产品可以传递最实际的市场感受；同时从宏观角度为决策人提供当前最关键的竞争对手。只要条件允许，竞品分析必须做。

竞品分析主要在两个阶段展开：一是在探索阶段，对整个市场及主要的目标竞品开展分析，分析的重点在于探底市场和竞品，并且可以对自己产品计划主打重点或比较困惑的难点做针对性的详细分析；二是在验证和改版阶段，基于即将完成或现有的产品的框架、内容，聚焦内容、功能、运营等具体细节对市场竞品进行分析，其主要目的是借鉴。竞品分析可以参考框架进行，如图 4-1 所示。直观地，竞品分析首先可以从市场调研入手，了解行业现状和市场前景。按照逐步从粗到细的节奏，可以进一步摸清产品的需求场景、业务形态、功能点，甚至产品体验的特点。同时，还可以从竞品的数据表现、功能迭代和运营路径进行综合分析，得出分析结论。

　　线上有很多竞品分析的相关资源，但我们需要注意在借鉴竞品分析模板时只能参考该模板的框架并核查遗漏，本项目关心的内容才是核心。竞品分析的主要目的是回答以下问题。

　　（1）目的是什么？到底需要分析什么？

　　（2）如何选择竞品？

　　（3）明确目的，选择好竞品后应该如何收集资料与信息？

　　（4）完成信息收集后要怎样在竞品之间进行分析？

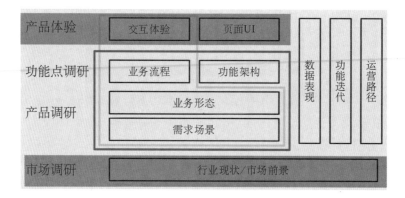

图 4-1　竞品分析关注要点

　　竞品分析的目的是经过分析市场情报充分了解行业发展，发现新的发展机会或市场切入点，即通过了解市场来看清市场趋势并明确市场切入点；同时通过了解对手，学习和超越对手，也可以通过了解对手的产品从侧面了解用户习惯，优化或强化自身的功能点和界面。

　　如图 4-2 所示为一个竞品分析模板，可以参考执行。

＊＊类产品竞品分析

一、确定竞品

（一般选择目标市场排名前 3 的产品，也可以选择比自己的产品稍强的产品作为阶段性目标。目标市场不应只是本类型产品，而应覆盖核心服务和核心用户相同的相关类产品，以及服务方式类似的产品。）

二、产品分析

2.1　基本面

竞品	行业现状	市场格局
产品 1		
产品 2		
产品 3		

图 4-2　竞品分析模板

2.2　战略层

竞品	理念/口号	定位
产品 1		
产品 2		
产品 3		

2.3　范围层

2.3.1　功能对比（★ 特色功能、√ 支持功能、×不支持功能）

功能	竞品 1	竞品 2	竞品 3
功能 1			
功能 2			
功能 3			

2.3.2　业务逻辑和交互对比

（图文并茂地进行描述，只挑选核心点及战略点进行分析与描述。）

（1）功能 1

竞品 1 是怎样的。

竞品 2 是怎样的。

竞品 3 是怎样的。

（2）功能 2

竞品 1 是怎样的。

竞品 2 是怎样的。

竞品 3 是怎样的。

2.3.3　功能总结

竞品	总结
竞品 1	
竞品 2	
竞品 3	

2.4　结构层

2.4.1　各竞品首页截图对比

2.4.2　其他核心页面截图对比

2.4.3　主操作流程对比

2.5　运营层

功能	行业排名	用户数	DAU	收入	用户评价	版本迭代
竞品 1						
竞品 2						
竞品 3						

三、总结

（基于各项对比，分析竞品的市场表现背后的原因、产品定位建议、内在逻辑的优缺点及用户场景等，提出指导本产品在定位、运营策略和盈利模式等方面的建议，但忌讳封闭式结论。）

根据上面的竞品分析有什么样的启发？有什么是可以借鉴的？怎样打败竞品？公司的产品走向应该是什么样的？核心点是什么？

图 4-2　竞品分析模板（续）

4.2   盈利模式分析

软件产品的盈利取决于软件开发、维护、运营、销售等成本，以及软件所带来的营收。软件开发成本的核算可参考附录 A，销售成本则因时而异。例如，据报道 2019 年支付宝新客户拓客成本约为 300 元/人，主打低端市场的拼多多的拓客成本约为 80 元/人。

传统的软件产品的盈利途径通常包括整体采购模式、软件使用前缴费、模块使用前缴费及捐助等。

具有一定规模的企业都会采购软件来降本增效，创新管理。通常，这些企业或主体都非常重视信息安全及把控权限，最常用的便是整体采购模式，即连带软件源码采购，或者采购可执行文件格式后部署到己方的服务器或载体上，最典型的是操作系统、ERP、专业 EDA 软件等。

软件使用前缴费模式最常见的是 SaaS（Software-as-a-Service），意思为软件即服务，即通过网络提供软件服务。从技术方面来看 SaaS 是简单的部署，不需要购买任何硬件，刚开始只需要简单注册即可，企业无须配备 IT 方面的专业技术人员，就能得到最新的技术应用，满足企业对信息管理的需求。从投资方面来看，企业只以相对低廉的"月费"方式投资，不用一次性投资到位，即不占用过多的营运资金，从而缓解企业资金不足的压力，也不用考虑成本折旧问题，并能及时获得最新硬件平台及最佳解决方案。从维护和管理方面来看，由于企业采取租用的方式来进行物流业务管理，所以不需要专门的维护和管理人员，也不需要为其支付额外费用，很大程度上缓解了企业在人力、财力上的压力，使其能够集中资金有效地运营核心业务。SaaS 能使用户采用一个完全独立的系统，如果连接到网络，则可以访问系统。以 License 方式授权使用的制度是 SaaS 服务最典型的特点。

模块使用前缴费通常会推出多个不同的版本或以模块化方式推出产品，低端版本用户或软件平台的部分用户可以直接安装使用。若想获取更多服务，则需要付费，这种模式源于一个"省钱、懒得费心"的市场推广策略。1982 年两位美国人开发了一款大型软件，却不想为软件的推广花费太多的金钱和精力，所以采取了一种新颖的推销方式，即利用 BBS 发行软件并允许用户复制，但在复制过程中需要给软件作者支付费用，于是"先试用后购买"模式就这样诞生了。它解决了"先付费后使用"模式如何给用户足够的购买信心问题。这种模式在过去很长一段时间很受欢迎，是软件的主流盈利模式。例如，在 10 年前已经非常风靡的软件豪杰超级解霸、优化大师等。

捐助模式是国外开源社区首创的制度，软件所有的功能，甚至代码都可以免费使用，但需要在使用时按照授权协议公布信息，用户可以根据自己的情况选择捐助与否。捐助模式通过自愿付费的方式帮助软件作者解决资金问题，事实上它是注册付费模式的延伸。不管是先付费后使用还是先试用后付费都具有一定的强迫性，用户必须付费才能享受正式版本，但这两种模式可以保证收入的实现。而捐助模式的可控制性较低，软件作者不能保证收入的实现。一般来说，捐助模式主要适用于免费软件，如 Maxthon，它是国内第 1 个成功运用这种捐款模式的软件。该模型对捐款的用户除写感谢信、捐赠标注外，还返回一些特殊的服务，如制定个性化的 MyIE 等。

随着社交软件的崛起和数字广告的兴起，软件又多了一种盈利渠道，即广告费。软件作者通过在特定栏目上显示广告，或者针对不同广告费用更改内容展示的顺序和方式以获取费用，部分软件还会通过强行捆绑其他软件开拓增值服务等方式获取收入。

4.3　模块化方法

在一些小型的项目中，由于项目的关系简单和规模较小，所以有时负责完成项目的往往是一个人或几个人。这时，对于模块的概念和应用显得很少，因为项目规模较小的原因，所以模块划分的重要性难以体现。但是，在一些大型项目中，必须充分考虑模块划分，因为参与项目的人数往往很多，并且人员变动很大。如果不充分进行模块划分，那么就会造成很严重的问题。这就相当于在乡下盖房子，几个人可以承包下来，也不需要设计图纸，只要有石匠、木匠就可以搞定。但是在城市中建设一栋高层大楼就必须要由设计师来设计，以及由各个部门配合才行。

1. 模块划分的重要性

软件的模块划分是指在软件设计过程中为了能够对系统开发流程进行管理，保证系统的稳定性及后期的可维护性，从而对软件开发按照一定的准则进行模块的划分。根据模块开发系统可提高系统的开发进度，明确系统的需求并保证系统的稳定性。

在系统设计的过程中，由于每个系统实现的功能不同，所以其需求也不同，因此导致系统设计方案的不同。在系统开发过程中有些需求在属性上往往会有一定的关联性，而有些需求之间的联系很少。如果在设计时不归类划分需求，则在后期的过程中往往会造成混乱。

软件设计过程中通过模块划分可以达到以下目的。

（1）使程序实现的逻辑更加清晰，可读性强。

（2）使多人合作开发的分工更加明确，容易控制。

（3）能充分利用可以重用的代码。

（4）抽象出公用的模块，可维护性强。

（5）系统运行时可方便地选择不同的流程。

（6）可基于模块设计优秀的遗留系统，方便地组装开发新的相似系统，甚至一个全新的系统。

2. 模块划分的方法

在一个项目的设计过程中有诸多需求，而很多需求都可以归类。根据功能需求分类的方法划分模块可以让需求在归类时得到明确的划分，而且通过功能需求划分的模块使得功能分解及任务分配等方面都有较好的依据。

按照任务需求划分模块是一种基于面向过程的划分方法，利用面向过程的思想进行系统设计的好处是能够清晰地了解系统的开发流程，并且在任务的分工、管理，系统功能接口的制定等方面都能够得到良好的体现。

按任务需求划分模块的主要步骤如下。

（1）分析系统的需求，得出需求列表。

（2）对需求进行归类，并划分出优先级。

（3）根据需求对系统进行模块分析，抽取出核心模块。

（4）将核心模块进行逐层细化扩展，得到各个子模块。

很多情况下，在划分任务需求时，有些需求和多个模块均有联系，这时通过需求来确定模块的划分并不能降低模块之间的耦合，而且有些模块涉及的数据类型多种多样，显然这时根据系统所抽象出来的数据模型来划分模块更加有利。

在划分模块之前往往都会有一个数据模型的抽象过程，即根据系统的特性抽象出能够代表系统的数据模型。根据数据模型来划分模块可以充分降低系统之间的数据耦合度，降低每个模块所包含的数据复杂程度，从而简化数据接口设计，并且对于数据的封装可以起到良好的作用，提高了系统的封闭性。

抽象数据模型的模块划分方案是基于面向对象的思想进行的，这种思想的特点就是不以系统的需求作为模块的划分方法，而是以抽象出系统的数据对象模型的思想划分的。它的主要优点是能够接近人的思维方式划分问题，提高系统的可理解性，从而在较高层次上把握系统。

按照数据模型划分模块的主要步骤如下。

（1）根据系统框架抽象出系统的核心数据模型。

（2）根据核心数据模型将系统功能进行细化，并将数据模型与视图等剥离，细化数据的流向。

（3）依据数据的流向制定模块和接口，完成模块划分。

3. 模块划分的准则

当系统被划分成若干个模块之后模块之间的关系称为"块间关系"，而模块内部的实现逻辑都属于模块内部子系统。划分模块要遵循一些基本原则，这样的系统具有可靠性强、系统稳定、利于维护和升级等特点。

设计模块时往往要注意很多的问题，好的模块划分方案可以为系统开发带来很多的便利，并且提高整个系统的开发效率，系统后期的维护难度也会降低不少；反之，如果模块划分得不恰当，不仅不能带来便利，还会影响系统的开发。

在划分软件模块时首先要遵从的一个准则就是确保每个模块的独立性，即不同模块之间的相互联系尽可能少，尽可能地减少公共的变量和数据结构，每个模块尽可能地在逻辑上独立，功能上完整单一，数据上与其他模块无太多耦合。

模块独立性保证了每个模块实现功能的单一性和接口的统一性，可以将模块之间的耦合度充分降低。在划分软件模块时，如果各个模块之间的联系过多，模块独立性差，则容易引起系统结构混乱及层次划分不清晰，从而导致有的需求和多个模块均有关联，严重影响系统设计。

模块独立性的主要优点可以归纳为以下几点。

（1）功能完整独立。

（2）数据接口简单。

（3）程序易于实现。

（4）易于理解和系统维护。

（5）利于限制错误范围。

（6）提高软件开发的速度和质量。

在软件设计的过程中往往需要对系统的结构层次进行分析，从中抽取出系统的设计框架，通过框架来指导整个软件设计的流程。而一个良好的系统框架也是决定整个系统的稳定性、封闭性、可维护性的重要条件之一。

因此在划分模块的过程中，要充分遵照当前系统的框架结构。模块的划分要和系统的结构层次相结合，根据系统的层次对各个模块进行层次划分。如果系统的模块划分和框架结构相违背，则会导致类似数据混乱、接口复杂、模块耦合性过高等问题。

如果主要依据任务需求划分模块，那么可以先将任务需求根据系统框架划分出系统等级，通过对任务需求的等级划分对划分模块起到引导作用；同时，依照系统结构层次来划分模块。

在划分模块时，在很多情况下不能够清晰地把握每个模块的具体内容，往往会出于需求归类或数据统一的角度设计模块。这种设计理念是对的，但是如果只是单纯地从这几个方面设计的话，那么也会导致在模块划分上出现另外一些情况。比如，设计的某一个模块虽然数据接口统一，但是内部实现的功能非常多。即如果一个模块包含的内容过多，则会导致程序实现难度增加、数据处理流程变得复杂、程序维护性降低、出错范围不易确定等情况的出现；同时，由于模块实现的功能丰富，所以必然会导致接口也变得繁多，那么与其他模块之间的独立性就得不到保证。而且，一个模块包含太多的内容也会给人一种乱糟糟的感觉，严重影响对程序的理解。

在设计模块时需要遵循每个模块功能单一、接口简单、结构精简的原则，每个模块的设计要确保规模不要太大及接口尽量单一简化。这样虽然可能会导致模块数量比较多，但是能够确保模块的独立性，而且不会影响系统的整体框架结构。

4.4　产品需求文档

产品需求文档（Product Requirement Document，PRD），是将商业需求文档（BRD）和市场需求文档（Market Requirement Document，MRD）用更加专业的语言进行描述的文档。该文档是产品项目由"概念化"阶段进入"图纸化"阶段的最主要的一个文档，其作用就是"对MRD中的内容进行指标化和技术化"，其质量好坏直接影响研发部门是否能够明确产品的功能和性能。

4.4.1　撰写目的

PRD通常由产品经理撰写，主要用途为评估产品机会和定义要开发的产品。定义要开发的产品需要通过PRD来描述产品的特征和功能。

要抓住PRD的核心就需要了解其撰写目的。

1. 从"概念化"阶段进入"图纸化"阶段

我们之前在MRD中表达的都是一个意向，并不考虑实现方法和细节。而PRD则是将概念图纸化，需要阐述详细的细节和实现模型。产品开发人员可以通过撰写PRD，梳理清楚方案实现过程中的各种问题和影响。

2. 向项目成员传达需求的意义和明细

PRD的主要面向对象是项目经理、开发人员、设计人员和测试人员，为了向这些不同角色表达清楚需求明细，就需要一份规范的PRD描述。项目经理通过PRD可以迅速了解任务的规模和相关接口，而开发及设计人员可以了解页面元素和用例规则，测试人员可以提前根据该文档撰写测试用例。PRD在形式上是项目启动的必要元素之一。

3. 管理归档需求

大多数新需求都需要迭代多个版本后才能走向成熟稳定的阶段，如果没有PRD，则在大型项目中需求的迭代变更将变得无据可循。PRD的修订编号和命名也是项目规范化管理的主要方法之一。

4.4.2　表现形式

一般企业内部的PRD选择WiKi系统或Word文档，WiKi在协同和保密方面有优势，而且能够记录修改文档的每一次变更；Word在阅读修改方面比较有优势，一般使用Word

加 SVN 的方式来管理更新文档，可根据企业的管理规范来选择哪种方法更合适。

4.4.3 主要部分

PRD 侧重对产品功能和性能（产品需求）的说明，相对于 MRD 中的同样内容，要更加详细并量化。

一些国外的公司，允许把 MRD 和 PRD 合并成一个文档，通常叫作 Marketing & Product Requirements Document，该文档一般包括以下内容。

（1）该产品的远景目标（Vision）。

（2）目标市场和客户（Target Market and Customers）的描述。

（3）竞争对手分析（Competitive Summary）。

（4）对产品主要特征的比较详细的描述。

（5）特征的优先级。

（6）初步拟定的实现进度。

（7）用例（Use Cases，可以为较粗略的大致描述）。

（8）产品的软硬件需求。

（9）产品的性能要求。

（10）销售方式上的思路、需求（直销还是渠道？直销怎么做？渠道怎么做？）。

（11）技术支持方式上的思路、需求（提供什么样的技术服务?）。

一份简单的 PRD 文档的目录如图 4-3 所示。

图 4-3　PRD 文档的目录示例

PRD 主要由以下几个部分组成。

（1）引言。

引言部分主要包括需求背景、需求目的、需求概要、涉及范围、全局规则、名词说明、交互原型等，主要目的是让阅读者快速理解需求的背景和概要。如果是企业内部文档，则引言部分可以从简。

（2）业务建模。

业务建模的目的是帮助阅读对象更好地理解需要开发的需求，常用的模型种类包括用例图、实体关系图、状态图、流程图等。常用的建模语言有 UML 等。

（3）业务模块。

业务模块包含具体页面的元素、用例规则，以及相关的原型、流程图，这是整个 PRD 最核心的部分。

在软件工程中为了便于分析数据流程，采用了数据字典（Data Dictionary）这个工具。数据字典是对于数据模型中的数据对象或项目描述的集合，有利于开发人员和其他有需要的人参考。它最重要的作用是作为分析阶段的工具，在结构化分析中为数据流图上的每个成分添加定义和说明。

仿照数据字典，为了便于产品部门、开发部门，以及 UED 设计师之间的信息传递，特别定义了 UI 字典。UI 字典的主要目标是在团队内部统一产品的专用词汇，防止出现用词混乱的现象，其示例如表 4-1 所示。

表 4-1　UI 字典示例

字段类别	字 段 名	英文缩写	说　明
角色	普通用户	User	普通权限，@移动端
	专家	Expert	普通权限+课堂类权限
	老师	Teacher	普通权限+课堂类权限
	系统管理员	SysAdmin	最高权限
	普通管理员	NorAdmin	赋给的指定权限
业务	课堂	Class	等价于虚拟商品
	节	Sect	一堂课约 40 分钟，上传后自动计算
	售价	Price	课堂价格，以节数计算

4.4.4　UED 设计师面对 PRD 的解构

UI 设计师最主要的任务是以最快的速度挖掘出 UED 设计所需要的元素，并整理成合适的文档，包括信息结构图、业务字典、业务流程图、页面流程图、数据流程图（数据流向）等。页面元素交互说明如表 4-2 所示。

表 4-2　页面元素交互说明示例

元素名称	类型	热区范围	跳转关系	校验规划	报错提示	元素样式和说明
标题栏	Title Bar					标题同入口按钮文字
返回键	按钮	图标	目的地攻略首页			

续表

元素名称	类型	热区范围	跳转关系	校验规划	报错提示	元素样式和说明
目录	按钮	文字范围				展开侧滑目录页面
文章题图	图片	图片区域	文章详情			显示图片缩略图，尺寸由视觉定义，点击跳转至文章详情
文章标题	文字	不可点击				显示文章标题
文章导读	文字	不可点击				显示后台导读栏目中的文字信息
阅读全文	链接	按钮区域	文章详情			点击跳转至文章详情
收藏	图标	按钮区域				不跳转；在当前页面显示"收藏成功"或"已取消"；已收藏状态图标高亮
分享	图标	按钮区域				点击底部弹出分享设置框

系统拓扑图如图 4-4 所示。

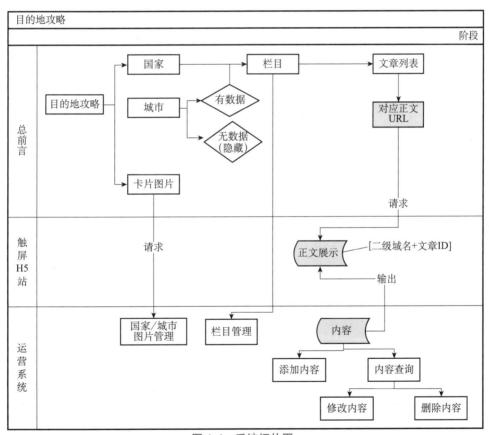

图 4-4　系统拓扑图

页面卡如图 4-5 所示。

用例描述	用户对指定文章进行本地收藏	
参与者	用户	
入口	目的地攻略文章卡片页或文章详情	
前置条件		
后置条件		
基本事件流1	用户	系统
	1. 用户点击"收藏"按钮（未收藏状态）	
		2. 将该文章归类至收藏标签中，并高亮按钮
		3. 显示文字弹出框"收藏成功"，两秒自动消失
备选事件流1	用户	系统
	1. 用户点击"收藏"按钮（已收藏状态）	
		2. 将该文章从收藏标签中移除，并取消按钮高亮
		3. 显示弹出文章"已取消"，两秒自动消失
业务规则	1. 收藏文章的数据为本地数据，无账号同步； 2. 被收藏数量记录在运营系统中；用户删除应用再重新安装的收藏数量叠加； 3. 已收藏的文章被禁用或失效后自动删除	
备注		
涉及业务实体		
影响平台		

图 4-5　页面用例卡

4.4.5　PRD 实例

PRD 实例——封面如图 4-6 所示。

项目管理文档

产品文档（V1.0－20150711）

订单管理系统流程需求说明书

编写	张三			编写时间	2015－07－11	
审核				审核时间		
审批				审批时间		
文档管理	页码	共 34 页	修订次数	共 1 次	版本	V1.0
	编号					

图 4-6　PRD 实例——封面

PRD中通常包含的修订记录及详细信息如图 4-7 所示。

文档修订历史			
作者	工作描述	修订历史	修改日期
张三	第一版		

图 4-7　**PRD** 修订记录及详细信息

PRD 实例——目录如图 4-8 所示。

目录

图 4-8　**PRD** 实例——目录

图 4-8　PRD 实例——目录（续）

4.5　课后习题

1. 总结为了解产品市场背景而需要手机的市场信息要素，并说明其原因。

1）结合互联网信息，尝试推出以下任一款软件的盈利模式并分析其潜在问题：摩拜单车；知乎；微信；"趣步"APP。

2. 简述模块化设计方法。

3. A 公司需要为当前大学生群体设计一款以视频服务和社群服务为核心的应用软件，请基于此项目规划 PRD 文档结构，并开展竞品分析、盈利模式分析，将分析结果嵌入到 PRD 文档中。

在将创意转化成产品的这个创造性劳动开始时，工程师的大脑中往往有无数的设计工作需要完成，如平台、框架、技术、设计模式、对象思想、敏捷开发论等。而对于有经验的工程师而言，这些烦琐的任务背后都有一个"神"一样的存在——"逻辑"。

从本质上讲，程序就是一系列有序执行的指令集合，是设计师预设的用户行为规律和规则。将指令集合组织成可靠、可用、可信赖的软件的过程，就是寻找美妙的逻辑之塔的过程。程序可用如下公式表述：

$$程序 = 逻辑 + 控制，即 program = What\ to\ do + when\ to\ do$$

从编程角度来讲，开发人员应对的就是逻辑，即逻辑的表达、组织和维护。逻辑是事物自此及彼的合乎事物发展规律的序列，交互是逻辑的具体实现形式。

5.1　软件产品逻辑

软件的三层架构如图 5-1 所示。

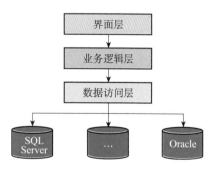

图 5-1　软件的三层架构

软件产品逻辑有两个子内涵，即程序逻辑与业务逻辑。程序逻辑是描述和论证程序行为的逻辑，又称"霍尔逻辑"。程序和逻辑有本质的联系。如果把程序看成一个执行过程，那么程序逻辑的基本方法就是首先给出建立程序和逻辑间联系的形式化方法，然后建立程序逻辑系统，并在此系统中研究程序的各种性质。

现代软件工程的一个重要要求是在程序设计之前必须把程序要达到的目标，即功能描述交代清楚。功能描述应当简洁明了，而不必关心执行细节，因此可以使用逻辑语言的全部公式。

程序设计的任务就是编制程序使其满足描述。程序逻辑的研究表明程序和逻辑都可以作为逻辑系统的逻辑公式，所不同的是程序只出现在一部分特定的逻辑公式中，因此设计程序是使之满足描述的过程。从逻辑演算角度看就是，如何将表示功能描述的逻辑公式转化成表示程序的逻辑公式问题，因此程序逻辑的研究又为软件工程中自动化设计提供了有力工具。

在设计逻辑时，流程图是至关重要的工具，它是由一些图框和流程线组成的。其中，图框表示各种操作的类型，图框中的文字和符号表示操作的内容，流程线表示操作的先后次序。

业务逻辑是程序内为了达成用户各种需求和为达成过程服务而编写的工作流程及运行规则。具体来讲，业务逻辑定义该过程所需要的规则、工作流、数据完整性等，接收来自界面层的数据请求，逻辑判断后向数据访问层提交请求，并传递数据访问结果。业务逻辑所在的业务逻辑层实际上是一个中间部件，起着承上启下的重要作用。

广义上的义务逻辑是软件本身固有的一种品性，自然存在于软件产品内部。它是软件具有的在某个业务领域内的逻辑，也是软件的核心和灵魂，软件产品除界面和交互外的一切都可看作广义业务逻辑。

狭义上的业务逻辑等同于软件架构中业务逻辑层的职责，是软件中处理与业务相关任务的部分。一般狭义上的业务逻辑不包含数据持久化，而只关注领域内的相关业务。

以上两种定义并不割裂，而是一同构建一个完整而辩证统一的"业务逻辑"概念。业务逻辑具有共性，有规则可循。

5.1.1 业务规则

业务规则就是某个领域内运作的规则，它构成了整个业务逻辑的灵魂和动态模型，并且作用于领域实体，领域实体遵从业务规则进行运作。

例如，在银行领域内转账时"从 A 账户扣除相应款项，在 B 账户添加相应款项，并从 A 账户扣除相应手续费，并通过某些途径通知 A 账户和 B 账户的户主"就是一条规则。需要注意的是业务规则比较抽象，它并不是需求。需求必须具体且无二义性，而业务规则只是抽象的一种描述。例如，对于通知户主的途径是电子邮件，还是电话、短信，并没有具体描述，但在规则中有"通知"这一项，因此不能将业务规则等同于需求。

5.1.2 规则完整性

逻辑闭环和逻辑自洽是业务逻辑的两个基本特征，偏离二者就会导致存在规则不能覆盖的区域，用户操作落入该区域中时便会发生不可预测的后果。

领域实体和业务规则构建了业务逻辑的主体，但在这主体之上还存在一个限制，即完整性约束。完整性约束是对业务领域中的数据、规则的强制性规定与约束。这种约束是系统正常运转的保证。

例如，"账户密码不能为空""身份证号必须符合具体格式规定""转账流程必须具有原子性，A 账户扣钱、B 账户存钱、A 账户扣除手续费，通知户主 4 项操作必须要么都做，要么都不做"等都是完整性约束。

5.1.3　业务流程及工作流

有了业务规则和规则完整性，业务逻辑还不能正常工作，因为还没有"启动器"和"过程托管器"。设想我们有了各种实体类，它们有各自的属性和行为，也有定义好的业务规则和完整性约束。现在实体类仅仅具有实现业务规则的能力，但它们如何启动并交互协调完成业务规则呢？为此我们需要触发和协调实体。

业务流程或工作流是启动及托管协调领域实体完成既定规则的过程。例如，"在线订购"是一个业务流程，包括"用户登录→选择商品→结算→下订单→付款→确认收货"这个流程。各个实体如会员、订单、商品等已经包含了完成在线订购必要的行为，但仍需一个流程才能真正完成业务。

具体到程序中，业务流程也需通过一种方法来实现，这种方法负责启动并协调各个实体类完成一个流程。业务流程可以借用 UML 来表达。

5.2　流程图的基本元素

在业务逻辑的表达中具有与程序逻辑表达不同的特征，程序逻辑通常以子功能、子模块，或者决策机制作为叶节点；业务逻辑为了体现出对 UI 的考虑，通常还需要将页面，甚至按钮作为叶节点表达出来。完善的 UI 流程图不仅能清楚地表示逻辑关系，还能同时为信息架构组织、页面组织提供详尽而有力的支持，为后续线框图的绘制工作打下良好基础。

"开始"与"结束"的标志一般用椭圆或圆角表示，如图 5-2 所示。

过程、活动、处理的内容一般用矩形表示，即处理框，如图 5-3 所示。

判断、判定或决策用菱形表示，此图形用来表示过程中的一项判定或一个分岔点。判定或分岔的说明写在菱形内，常以问题的形式出现。对该问题的回答决定了判定符号之外引出的路线，每条路线标上相应的回答，如图 5-4 所示。

图 5-2　"开始"与"结束"标志　　图 5-3　处理框　　图 5-4　判断、判定或决策

工作流方向用箭头表示，如图 5-5 所示。

如图 5-6 所示，文档标志和文档组符号为断板形，用来表示属于该过程的书面信息生成任何供人阅读的信息。例如，打印结果。文件的题目或说明写在符号内。

如图 5-7 所示，连接标志用圆圈表示，用来表示流程图的待续。圆圈内可以有一个字母或数字。在相互联系的流程图内连接符号使用同样的字母或数字，以表示各个过程是如何连接的。

图 5-5　工作流方向　　　图 5-6　文档标志和文档组符号　　　图 5-7　连接标志

输入输出数据的标志为平行四边形，用来表示任何种类的数据的输入或输出。例如，接收或发布信息。其中可注明数据名来源用途或其他的文字说明，此符号并不限定数据的媒体，如图 5-8 所示。

预定义过程用来表示图表中已知或已确定的另一个过程，但未在图表中详细列出，如图 5-9 所示。

准备标志用来表示准备阶段，如图 5-10 所示。

并行方式标志用来表示同步执行两个或两个以上并行方式的操作，如图 5-11 所示。

图 5-8　输入输出数据的标志　图 5-9　预定义过程　图 5-10　准备标志　图 5-11　并行方式标志

5.3　流程图的基本结构及示例

任何复杂的算法和工作流都可以由顺序结构、选择（分支）结构和循环结构这三种基本结构来表示，基本结构之间可以并列和包含。顺序结构是最简单的程序结构，也是最常用的程序结构，只要按照解决问题的顺序写出相应的语句即可。它的执行顺序是自上而下，依次执行；选择（分支）结构是对给定条件进行判断，条件为真或假时分别执行不同的流程；循环结构是对某个给定条件进行判断，条件为真时重复执行循环体，条件为假时退出判断。

5.3.1　基本结构

在生活中存在对于一件事必然引发另一件事的可能，有多个这种必然会引发的事情前后衔接会形成串联的顺序结构。在顺序结构中所有语句都是从上到下逐条执行的，是程序开发中最常见的一种结构。它可以包含多种语句，如变量的定义语句、输入输出语句、赋值语句等。

下面来看一个顺序结构的简单例子，如果需要通过程序实现按顺序输出"我是中国人"，则如该例所示：

```
int main (    )
{
printf("我是");//s1
printf("中国");//s2
printf("人!");//s3
return 0;
}
```

其内部操作流程如图 5-12 所示。

顺序结构的程序虽然能解决计算、输出等问题，但不能做判断后选择，要解决这个问题就要使用分支结构。分支结构的执行依据一定的条件选择执行路径，其程序设计方法的关键在于构造合适的分支条件和分析程序流程，即根据不同的程序流程选择适当的分支语句。分支结构适合用于带有逻辑或关系比较等条件判断的计算，如图 5-13 所示。

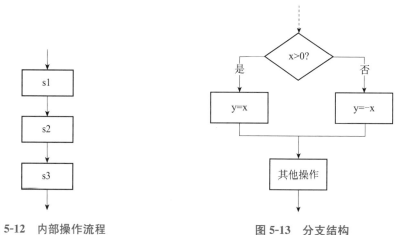

图 5-12   内部操作流程   图 5-13   分支结构

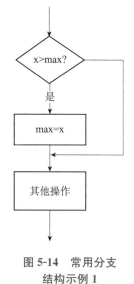

图 5-14   常用分支
结构示例 1

分支结构因为场景的不同具有多种形态，它最重要的两个特征是判断条件及跳转目标。绘制分支结构时还应当注意关键处理路径必须位于中线，这种表达方式可以有效提高可读性。常用分支结构示例如图 5-14～图 5-16 所示。

循环结构是为程序中需要反复执行某个功能而设置的一种程序结构，它由循环体中的条件来判断是继续执行某个功能还是退出循环。根据判断条件，循环结构又可细分为先判断后执行和先执行后判断的循环结构。

循环结构用来描述重复执行某段算法的问题，可以减少源程序重复书写的工作量，这是程序设计中最能发挥计算机特长的程序结构。循环结构可以看作一个条件判断语句和一个向回转向语句的组合。循环结构的三个要素为循环变量、循环体和循环终止条件，它在程序框图中利用判断框来表示，即在判断框内写上条件，两个出口分别对应条件成立和条件不成立时所执行的不同指令，其中一个要指向循环体，并从循环体回到判断框的入口处。

　　循环结构比较典型的是 while 和 do-while 循环、for 循环等，while 循环示例和 dowhile 循环示例分别如图 5-17 和图 5-18 所示。

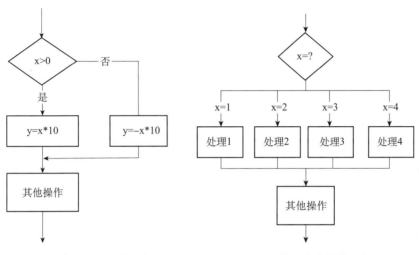

图 5-15　常用分支结构示例 2　　　　图 5-16　常用分支结构示例 3

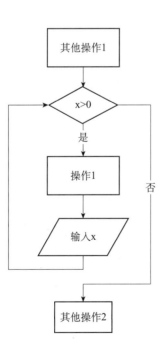
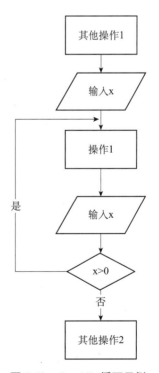

图 5-17　while 循环示例　　　　图 5-18　do-while 循环示例

5.3.2　流程图示例

例1：计算 N 的阶乘。

一个正整数的阶乘（Factorial）是所有小于及等于该数的正整数的积，并且 0 的阶乘为 1。自然数 n 的阶乘写作 $n!$。1808 年，基斯顿·卡曼引进这个表示法，用公式表示就是 $1 \times 2 \times 3 \times 4 \times \cdots \times (N-2) \times (N-1) \times N = N!$。

利用循环解决阶乘问题，设循环变量为 M，初值为 1，M 从 1 变化到 N。依次让 M 与 F 相乘，并将乘积赋给 F。

（1）定义变量 F 和 M，并赋初值 1。

（2）M 与 F 相乘，并将乘积赋给 F。

（3）M 自增 1。

（4）直到 M 超过 N。

最后获得的 F 便是 N 的阶乘，其流程如图 5-19 所示。

例2：根据原材料来计算材料成本。

原材料预先根据材料类型 T 赋予价格，如表 5-1 所示。

表 5-1　原材料价格

类型 T	P	A	B	K
价格	1	2	3	4

计算所有原材料的总价的流程如图 5-20 所示。

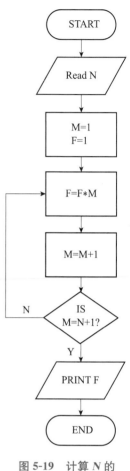

图 5-19　计算 N 的阶乘的流程

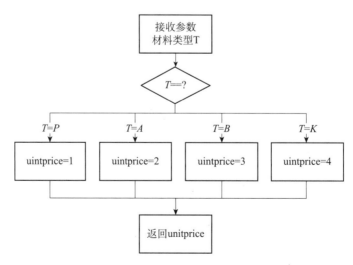

图 5-20　计算所有原材料的总价的流程

例3：根据总的销售记录表为每个销售人员生成相应的个人记录表。

　　某公司的柜台上有多个收银员，每个收银员能用自己的账号开启收银机并完成收费行为。每天打烊后，柜台收银机会根据当天的销售记录形成总表 sales.dat，并在此基础上将每个人的收银记录分别存入该销售人员销售记录表中，解决方案 1 和解决方案 2 分别如图 5-21 和图 5-22 所示。

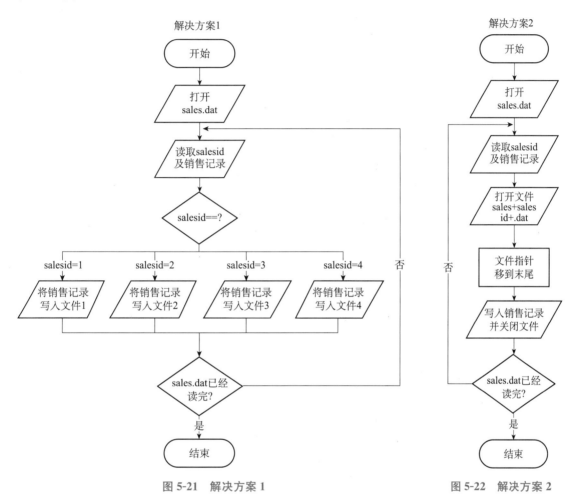

图 5-21　解决方案 1　　　　　　　　图 5-22　解决方案 2

5.4　UI 流程图的绘制方法

　　UI 流程图从用户操作角度，采用流程图的表达方式，周全考虑用户的每一次点击，在线框图开始绘制之前解决功能完备性、易用性和交互完备性。

　　UI 流程图的绘制原则是用户的每一次操作都在设计师的考虑范围内。基于 UI 流程图，用户应当永远没有意外操作。

5.4.1　UI 流程图特别元素

　　UI 流程图中具有通用流程图无法兼顾的元素，如页面、按钮等操作，应该在 UI 流程图开始绘制之前即进行约定。UI流程图特别元素如图 5-23 所示。

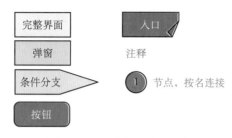

图 5-23   UI 流程图特别元素

5.4.2   UI 流程图示例

UI 流程图的绘制标准为用户的每一次点击均在 UED 工程师的预料范围内，并且在 UI 流程图中。因此完备的 UI 流程图需要精心设计，并经过专业人员评审。

对于成熟的工程师来说，UI 流程图可以做适当层级的简化，但必须确保所有过程都是经过评审的。某项目的购物车管理 UI 流程图如图 5-24 所示。

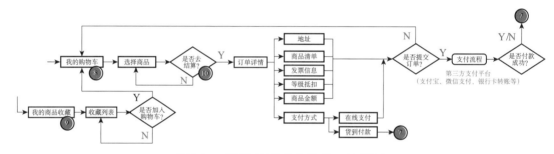

图 5-24   某项目的购物车管理 UI 流程图

5.5   典型流程介绍

业务流程是为达到特定的价值目标而由不同的人/角色分别或共同完成的一系列活动。活动之间不仅有严格的先后顺序限定，而且活动的内容、方式、责任等也都必须有明确的安排和界定，以使不同活动在不同岗位角色之间进行转手交接成为可能。活动与活动之间在时间和空间上的转移可以有较大的跨度，而狭义的业务流程则仅仅是与满足客户价值相联系的一系列活动。

本节仅列出几个常用流程，如用户注册登录流程、账户信息安全管理流程、退换货流程、OA 业务审批流程，以及评价和回复流程等。软件系统中还存在多种多样的业务流程，我们可以结合实际应用绘制其他流程。

5.5.1   用户注册登录流程

首先需要说明的是最好的登录流程就是不用登录。随着移动端设计越来越重视用户体验，缩短注册登录的流程十分必要。相信用户都不喜欢一打开软件就被强迫登录，而且不登录就什么都看不到。用户注册登录流程示例如图 5-25 所示。

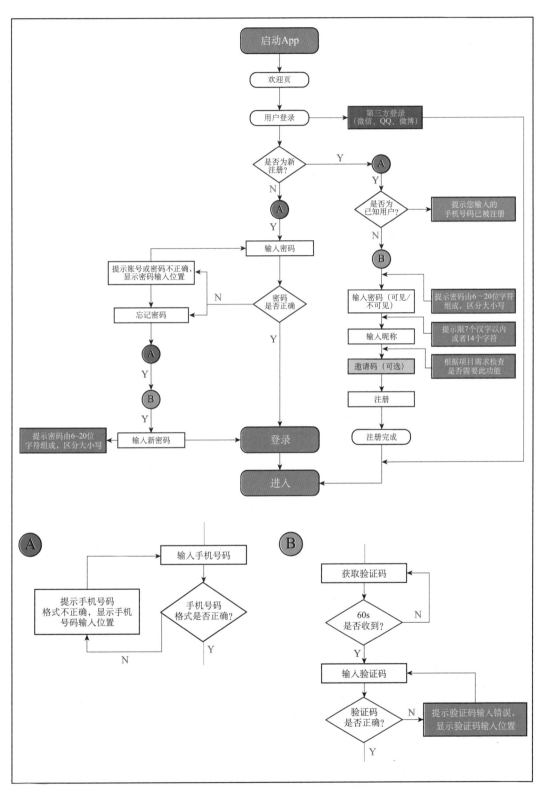

图 5-25　用户注册登录流程示例

用户登录流程依产品不同而略有差别，通常而言，其设计需要考虑如下关键问题。

1. 采用注册登录还是支持第三方登录

注册登录需要考虑账号字段特征设置（数字串、字符串、邮箱名等），以及系统需要有查重模块及数据库并发写入的保护机制等处理细节。如果支持第三方登录，则需要考虑支持哪些第三方账户、用户沉淀及如何嵌入第三方API。

注册登录有两种方式，即注册和登录集成方式，以及注册和登录分开方式。前者支持的主要是手机加验证码模式，如图5-26所示。

图5-26　注册和登录集成方式

后者支持的模式较多，包括邮箱、字符串、手机号等多种方式，如图5-27所示。

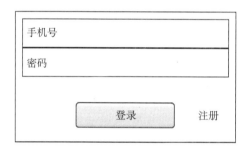

图5-27　注册和登录分开方式

值得一提的是，随着近几年互联网的发展，越来越多的产品采用手机号作为用户识别码及安全验证的工具，所以手机号已成为新产品面世时首选的账号模式。然而这种模式最大的问题就是当用户手机不在身边时，登录就变得非常艰难，因此UED设计师需要综合考虑。

2. 安全性如何保证，是否有潜在漏洞

注册流程的安全隐患容易被软件开发人员忽略，而从IT审计角度来分析，注册流程最易引发黑天鹅事件。

3. 是否有对应的隐私保护条款

隐私保护条款或免责申明（Disclaimer）即法律明文规定的当事人对其不履行合同、不承担违约责任的条件。免责条款虽然不一定能免责，但至少为自身保护提供了一个机会。

免责条款的有效与无效如下。

（1）基于现行法律的规定确定免责条款的有效或无效，免责条款以意思表示为要素，以排除或限制当事人的未来责任为目的，因而属于一种民事行为，应受《中华人民共和国合同法》第 52 条、第 53 条、第 54 条、第 47 条、第 48 条、第 51 条和第 40 条的规定调整。

（2）基于风险分配理论确定免责条款的有效或无效。

（3）根据过错程度确定免责条款的有效或无效，见《中华人民共和国合同法》第 40 条和第 53 条。

（4）根据违约的轻重确定免责条款的有效或无效（此条款目前我国没有采用）。

4. 采集的信息是否会引发客户反感

产品设计过程中需要对用户采集的数据做详细规划，如果采集太多数据，就会拉长用户注册时间，从而造成推广壁垒；采集的数据太少，则有可能无法支撑公司或产品的商业模式。因此必须要有度，既要能支撑商业模式，又不会引发客户反感。

5.5.2 账户信息安全管理流程

一个信息系统具有如下多方面的安全防范要求。

（1）物理安全：主要包括环境安全、设备安全、媒体安全等方面，处理秘密信息的系统中心机房应采用有效的技术防范措施，重要的系统还应配备警卫人员进行区域保护。

（2）运行安全：主要包括备份与恢复、病毒的检测与消除、电磁兼容等。涉密系统的主要设备、软件、数据、电源等应有备份，并具有在较短时间内恢复系统运行的能力。应采用国家有关主管部门批准的查毒杀毒软件适时查毒杀毒，包括服务器和客户端。

（3）信息安全：确保信息的保密性、完整性、可用性和抗抵赖性是信息安全保密的中心任务。

（4）安全保密管理：涉密计算机信息系统的安全保密管理包括各级管理组织机构、管理制度和管理技术 3 个方面。要通过组建完整的安全管理组织机构、设置安全保密管理人员、制定严格的安全保密管理制度，以及利用先进的安全保密管理技术对整个涉密计算机信息系统进行管理。

与 UED 设计相关的账户信息安全是信息系统安全管理的一个重要部分，2016 年 8 月的一则案例为此提供了有力佐证。当日受害人连续收到了几条来自中国移动官方号码的短信，称他已成功订阅了一项"手机报半年包"服务，并且实时扣费造成了手机余额不足。这时受害人非常纳闷，因为他没有订阅这个服务，紧接着受害人又收到了一条短信提示，只要在 3

分钟之内回复取消加验证码退订即可。当受害人正在琢磨"验证码"到底是什么时又收到了一条来自中国移动客服电话"10086"的短信。内容为"您好，您的 USIM 卡验证码为876542"。

此时因为验证码缺乏足够信息，受害人很容易将其与之前收到的短信结合起来理解，于是毫无戒备地将验证码发送了过去。骗子利用这个验证码顺利复制了一张新的电话卡，并且展开了一系列骗局，最终得逞。

此案例的致命漏洞在于关键信息缺乏关键提示，骗子要换卡必须首先知道验证码。当时收到的这条来自10086的验证码，正是攻击者在网上发起换卡请求后系统自动发送到受害人手机上的，然而在这条 20 多字的短信中并未说明验证码的用途。

因为技术门槛低，账户信息安全成为骗子或攻击者最喜欢的攻击点，所以，账户信息安全必须引起人们的足够重视。

1. 双因素认证

双因素认证通常以最为普通的随机验证码出现，如手机验证码、密钥发生器产生的随机字符串等。

双因素认证是一种采用时间同步技术的系统，采用了基于时间、事件和密钥三个变量产生的一次性密码来代替传统的静态密码。每个动态密码卡都有一个唯一的密钥，该密钥同时存放在服务器端。每次认证时动态密码卡与服务器分别根据同样的密钥、同样的随机参数（时间、事件）和同样的算法计算认证的动态密码，从而确保密码的一致性，实现用户的认证。因为每次认证时的随机参数不同，所以每次产生的动态密码也不同。由于每次计算时参数的随机性保证了每次密码的不可预测性，从而在最基本的密码认证这一环节保证了系统的安全性，解决了因口令欺诈而导致重大损失的问题，并且防止了恶意入侵者或人为破坏，解决了由口令泄密导致的入侵问题。

简单来讲，双因素认证就是通过"用户知道"再加上"所能拥有"两个要素组合到一起才能发挥作用的身份认证系统。例如，在 ATM 上取款的银行卡就是一个双因素认证机制的例子，取款人需要知道取款密码和拥有银行卡这两个要素才能使用。

目前主流的双因素认证系统是基于时间同步型的，市场占有率较高的有 DKEY 双因素认证系统、RSA 双因素认证系统等。由于 DKEY 双因素认证系统增加了对短信密码认证及短信＋令牌混合认证支持，所以相比 RSA，DKEY 双因素认证系统更具竞争力。

2. 足够的提示信息

在提供验证码的信息中必须用简洁有效的语句写明本验证码的用途，以及泄露后可能产生的后果。如果验证码中附带了足够的提示信息，则可防患于未然。

3. 随机键盘

用户每次输入密码时，键盘的顺序不是标准键盘的顺序，而是随机变化的。随机键盘可以有效防止木马偷取密码，以及因附近的人偷窥而造成密码泄露。

4. 生物识别认证

生物识别认证包括指纹识别认证、虹膜识别认证、人脸识别、手背静脉识别认证等依赖用户自身生理特征的认证手段。

指纹是人生而就有的物理表皮结构，每个人指尖的沟壑纹理不同于其他人。指纹识别是最古老的生物特征识别技术，其概念被大众所熟悉。所以现代指纹识别技术容易被人接受，只需要少量指导便可实现轻松采集。此外，指纹特征占据的存储空间较小，设备轻巧、易于和移动设备结合。但是由于指纹是暴露在外面的表皮纹理，所以其结构信息会受到灰尘、油、水等环境因素的影响。断纹、无指纹、脱皮和伤痕等问题会影响图像采集质量，导致指纹识别困难，如图 5-28 所示。

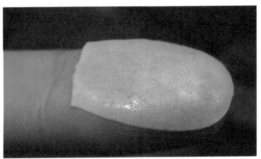

图 5-28　指纹识别困难

虹膜识别通过采集人眼虹膜区域的近红外图像进行识别，虹膜的纹理结构与生俱来，不会随时间改变，其中含有丰富的信息量，大约是指纹纹理结构中所含信息量的 6 倍。虹膜识别是世界上精度最高的生物识别技术，应用于高安全级别部门，如军队、银行等。但在虹膜识别中一个最为主要的问题是识别对象容易存在心理上的排斥，所以通过近红外光照射人眼获取虹膜图像不易被人接受；另外，在虹膜图像采集过程中需要眼部注意力集中在一个点上。需通过适当的训练才能够获得更好的采集效果，这在很大程度上影响虹膜识别技术的推广。

人脸识别系统根据采集图像的维数可以分为二维人脸识别系统和三维人脸识别系统。在二维人脸识别中，人脸会因为生长发育而发生变化，从而影响识别率，如长胖、变瘦、长出胡须等；另外，由于人具有丰富多彩的表情，所以也降低了识别的准确性，而且人脸还受周围环境的影响，如遮挡、光照等，如图 5-29 所示。

解剖学著作《格式解剖学》（*Gray's Anatomy*）已经证明个体的手背静脉在形成、发育

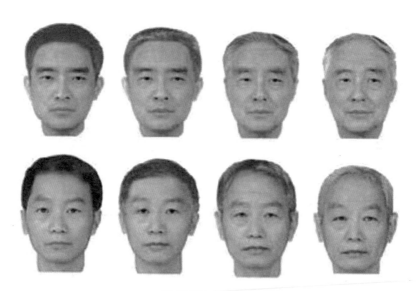

图 5-29　人脸识别

生长过程中具有很强的唯一性，即使是双胞胎或同一个人的左右手也会因为发育过程的随机性导致手背静脉分布结构的差异。当人体发育成熟后，手背静脉的分布结构除非手术或药物作用，否则不再变化。由于血液和皮下脂肪对近红外光的吸收率不同，所以通常采用近红外反射成像获得对比度清晰的手背静脉纹理图像，进而完成特征提取与识别研究。另外，由于手背静脉血管位于体表内部不易受到污染和划伤等外界因素的影响，所以手背静脉很难被仿造，安全性较高。

近年来，研究者一直在试图寻找更为安全便捷的身份识别手段，新型生物识别的研究受到越来越广泛的关注。例如，耳形、掌纹、步态等身份识别方法。UED 工程师需要跟踪科技界的进步，及时推出新型身份识别手段。

生物识别认证存在一个极大隐患，即在用户无意识状态下账号被人攻击。近年出现在他人熟睡时成功用指纹登录手机及相关 App 的案例越来越多，因此单纯的生物识别是十分不可靠的，必须要配合其他验证手段。

5. 合适的身份 ID 或实名注册

为保证应用信息系统的运行安全和为用户提供跟踪服务，各应用信息系统用户账号的申请注册应实行实名制管理方式，即在用户账号申请注册时必须向信息系统管理部门提供用户真实姓名、隶属单位与部门、联系方式等真实信息。

一般情况下，不应将身份证号码作为用户 ID，实名认证过程也应仔细考虑，防止因为注册过程的烦琐为用户群扩张制造人为壁垒。

较好的方式是系统对每个用户有内部定义的唯一 ID，此 ID 可为随机数，而用户登录所用的账号可以由系统绑定。

6. 超时退出

超时退出可以有效防止用户不在场的情况下账号被他人操作。

7. 权限管理

在应用信息系统中对用户操作权限的控制通过建立一套角色与权限对应关系，为用户账号授予某个或多个角色的组合来实现。一个角色对应一定的权限（应用信息系统中允许操作某功能点或功能点集合的权力），一个用户账号可通过被授予多个角色而获得多种操作权限。

为实现用户管理规范化和方便系统维护，公司的各应用信息系统应遵循统一的角色与权限设置规范，在不同的应用信息系统中设置的角色名称及对应的权限特征应遵循权限设置规范的基本要求。

由于不同的应用信息系统在具体的功能点设计和搭配使用上各不相同，因此对角色的设置及同样的角色在不同应用信息系统中所匹配的具体权限范围可能存在差异，每个应用信息系统应分别制定适用于本系统的权限管理规范。

8. 妥当的重置密码流程

在用户无法访问账户时合适的重置密码流程能有效提高用户体验，然而找回密码的操作常常因为在主线之外而存在考虑不周的情况，因此必须妥当地进行处理。通常采用的方式有用户名、邮箱或手机号加验证码，验证码是为了防止机器刷进行批量操作或破解而设置的。确认账户以 Facebook 最具代表性，有如下一种方式。

（1）借助第三方（邮箱、手机）找回，极大地依赖第三方账户的安全性。

（2）借助在网站填写的其他信息（密保问题、证件号码）找回，需填写完整的资料和各种设置。

（3）人工方式，账号申诉流程费力耗时，但在用户更换手机号后也能继续操作。

在重置密码时用户心情略带急躁、不平稳，此时要避免大量的输入，特别是需要大量调取记忆内容的输入项。所以找回密码设计的核心之一是找出账号和密码之间最核心的关联关系，给用户最简化的流程。

如果账户体系是单账号登录体系（如只使用手机号作为登录账号），则除要有使用短信找回密码的入口外，还需要有申诉入口（人工处理）以解决非常规案例。

流程 1：登录困难→忘记密码，找回→输入手机号→获取验证码→输入新密码。

流程 2：登录困难→手机号不能用→人工申诉→验证账号所有权→人工修改登录账号与密码。

此时，申诉的入口很重要。

如果采用的是多账号体系（如可使用账号、手机号、邮箱登录），则在找回密码时可以选择通过哪个渠道找回密码，流程分解同上。

当可登录账号数为2，如果采用的账号体系是账号+手机号或账号+邮箱，则与单账号登录体系无多大差别，这时申诉入口显得同样重要；如果采用的账号体系是手机号+邮箱，则两个登录账号同时无法使用的概率较小，申诉的入口则显得不那么重要。

无论流程怎么设计，找回密码中最重要的一环是验证账号的相关性和账号密码找回凭据的有效性。

比如，登录账号是testxss，关联的手机登录账号是15017592905，则testxss和15017592905具有相关性，修改testxss时不能输入其他手机号。

比如，15017592905手机验证码为3214，输入验证码时一定要检查3214与手机号15017592905是否关联。一旦用户输入的验证码和手机号具有关联关系，则生成修改密码的有效凭据，凭借此凭据修改对应账号的密码。

在修改密码的过程中，有超过1成的产品找回密码流程存在越权修改密码的逻辑漏洞。

比如，下面找回密码的步骤，如图5-30所示。

（1）输入手机号及用户名。

（2）获取手机号验证码。

（3）验证手机号和验证码是否匹配，如果匹配，则执行下一步；否则执行（1）或（2）。

（4）发送修改密码链接，用户点击链接，输入新密码。

（5）提交修改完成重置密码（此时提交的参数有手机号、新密码）。

流程似乎没有问题，但是黑客只需要在最后一步抓包，即修改手机号，就可以成功修改任意手机号的密码，所以就有了重置任意用户密码的漏洞。

在最后一步必须有找回密码的凭证（可以连同验证码一起提交，在最后一步要验证手机号和验证码是否吻合，或者在生成唯一凭证时要与手机号有关联），证明本次修改密码的账号与前面输入的手机号账号是一致的。

不过，UED设计工程师在强调安全性的同时切不可忘记"体验为王"。有的设计师为了让用户强化记忆，在手机端找回密码时需要两次输入密码（一次是新密码，一次是验证新密码），这种设计方法值得商榷。

（1）大部分人用的多是重复密码。

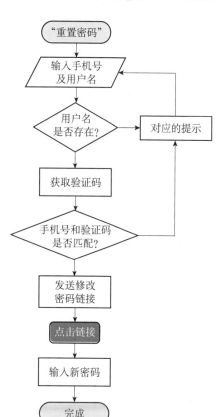

图5-30　找回密码的步骤

（2）复杂密码需要重复切换手机键盘，容易误操作，体验糟糕。

（3）强化密码可以通过"可视密码开关"来让用户进行二次确认，如长按某个 icon 可以显示密码，松开则隐藏。

5.5.3　退换货流程

退换货是零售类电商系统的关键一环，其流程关系一个店铺的好评率及顾客的再次消费率，同时也关系店铺的运营成本、人力成本及库存管理成本。因此退换货流程的质量没有唯一标准，而只有是否适合。

小型电商的退换货流程如图 5-31 所示。

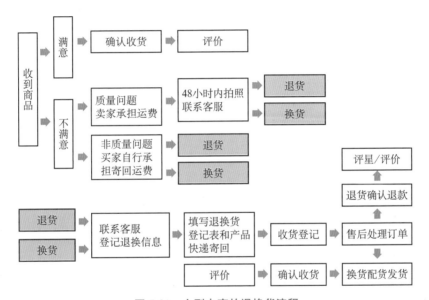

图 5-31　小型电商的退换货流程

中型电商的退换货流程如图 5-32 所示。

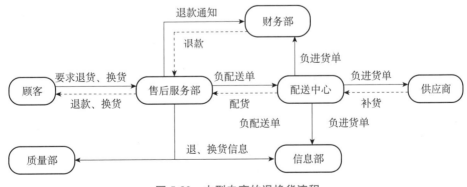

图 5-32　中型电商的退换货流程

制造业 O2O 公司退换货的流程如图 5-33 所示。

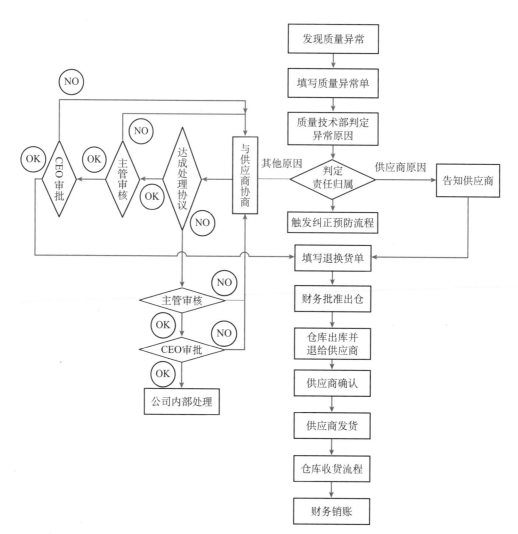

图 5-33　制造业 O2O 公司退换货的流程

需要兼顾 ERP 库存管理的退换货流程如图 5-34 所示。

5.5.4　OA 业务审批流程

OA 办公系统的核心是 OA 业务的审批流程，其最大特点是可以自定义工作流程、自定义工作表单。在 OA 系统中企业可以根据自身的需要和要求，创建自己要求的 OA 审批流程，也可以自由设计审批流程用到的工作表单。例如，钉钉网站常见的业务审批流程可以分为 10 类，分别解释如下。

1. 固定流程

固定流程是指流程可以按照预定的流转步骤和审批人自动流转，其中审批人可以指定人员、指定岗位。采用这种流程审批时审批人不能更改流程，但可以在权限范围内执行加签、回退等操作。本流程适用于审批人比较固定或审批流程比较严格的事项，如报销单和请假单

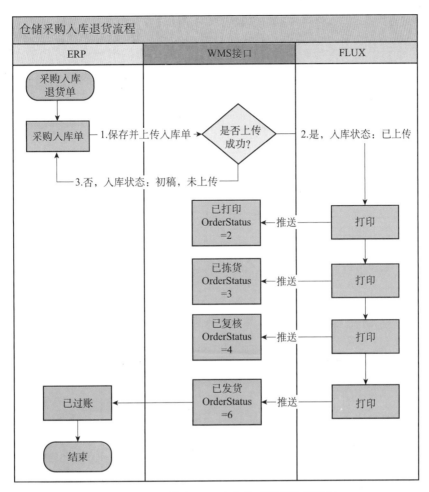

图 5-34　需要兼顾 ERP 库存管理的退换货流程

等，可以保证流程的规范，如图 5-35 所示。

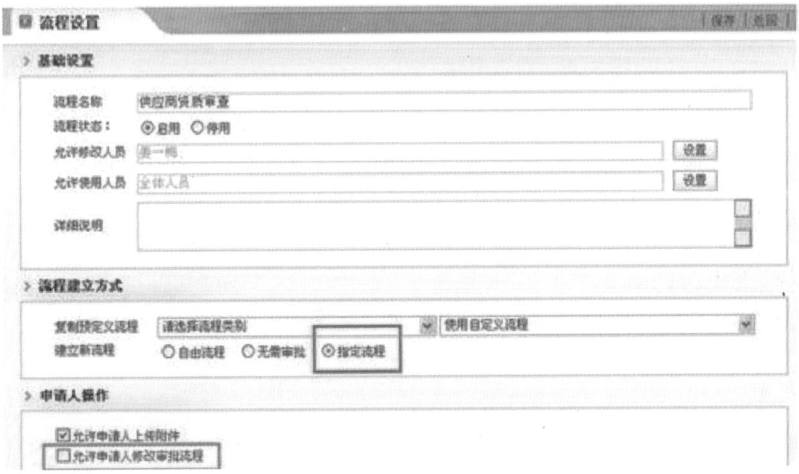

图 5-35　固定流程

2. 自由流程

审批人可自行设置审批流转步骤，由上一步指定下一步的审批人，可用于在实际审批中不固定的特殊审批流程。比如，某个新项目的审批，不确定审批人，即可通过自由流程由审批人根据当时的情况自由选择下一步的审批人。指定下一步的审批人时只需要从已有的预定义节点中选择，快捷方便，如图 5-36 所示。

3. 自由顺序流程

申请人发起申请时"自由"指定几个审批人和审批顺序，系统自动依次执行审批操作。"自由"是指审批人不固定，可以在审批操作起草时由申请人临时指定，"顺序"是指选中的审批人依次执行审批；另外，如果审批人有流程修改权限，也可以变更后续的审批人及审批顺序。自由顺序流程可以满足审批人和不确定审批步骤的情况，示例如图 5-37 所示。

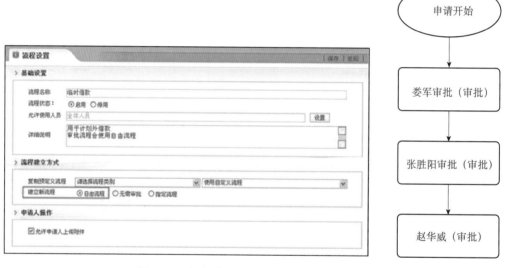

图 5-36　自由流程　　　　　　　　　　图 5-37　自由顺序流程示例

4. 分支流程

当节点的跳转条件满足多个跳转条件时，如果没有设置并发执行，那么允许申请人选择其中的一个流程来执行，由此产生了分支流程。比如，一个发文审批流程。当部门审批完毕后统一发给办公室，由办公室根据文件内容选择接下来的审批流程，如图 5-38 所示。

5. 并发流程

当节点的跳转条件满足多个跳转条件时，如果设置了并发执行，那么流程的后续节点会并发同步执行。并发执行的步骤可以通过并发结束节点来实现并发审批合并，即流程中可以设置任意的并发与合并流程。比如，一个合同审批单（备货审批）同时在财务部门、储运部门审批，然后汇总到财务经理处进行审批，如图 5-39 所示。

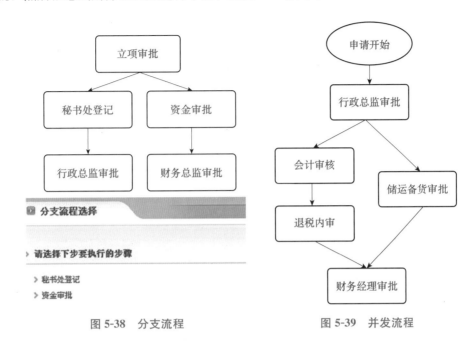

图 5-38　分支流程　　　　　图 5-39　并发流程

6. 无流程

无流程通常也称"无须审批"，表单可以设置为无流程，即直接保存，没有审批过程。比如，仅记录保存和备忘查询、总经理出差单等。

7. 直到流程节点

将固定流程的某个步骤设置为直到流程节点，流程流转到当前节点时会根据当前审批人的岗位逐级提交上级，直到设定的岗位级别为止。

8. 自由流程节点

将固定流程的某个步骤设置为自由流程节点，流程流转到当前节点时再往下就会按照自由流程方式由审批人选人后向下执行。当自由节点流转到某步骤并有人点击完成后，流程跳出自由节点，继续按照后续流程向下流转。

9. 自由顺序节点

将固定流程的某个步骤设置为自由顺序节点，流程流转到当前节点时再往下流转需要当前人员指定下一步的审批人。多人的审批顺序按照选择人员的先后顺序审批，当最后一个人审批同意流程后，继续按照后续流程向下流转。

10. 秘书节点

将固定流程的某个步骤设置为秘书节点，流程流转到当前节点时当前审批人（一般为秘书）可以将当前单据发送给需要办理的领导，当领导办理完成后再由秘书继续发给其他领导办理或提交流程向下流转。

5.5.5　评价和回复流程

允许用户对商品、服务、疑问等进行评价会给用户带来参与感，提高用户的黏度。然而评价和回复流程并不是一个简单的显示过程，而会牵涉诸多方面。例如，是否可对评论再回复？回复及回复的回复如何显示？回复是否会产生收益？回复是否需要发出其他通知？回复是否包含富媒体内容？回复是否有数量和敏感词限制，以及回复的时机是否合适等。评论活动数据流程如图 5-40 所示。

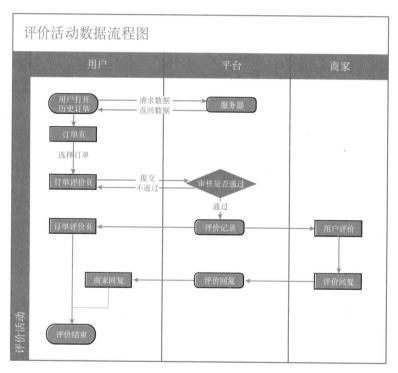

图 5-40　评价活动数据流程

5.6　UI 流程图的测试

UI 流程图的测试主要聚焦功能完备性测试、交互测试、易用性测试等宏观层次，如果 UI 流程图可以顺利通过测试和评审，则说明至少已经尽可能地避免了这个阶段设计不完善的风险。

UI 流程的测试与其他测试最大的不同是此时并没有真正可以操作的界面和按钮，交互均以图形符号的方式展现在 UI 流程图中。因此典型的测试方式为两人一组，一人为 UI 流程图设计人员，另一人为测试组抽调的人员或其他人员。遵照现阶段已有偏重业务流程部分的测试用例或用户故事，要求 UI 流程图设计人员按照鼠标追踪的方式在流程图上演示其数据流和业务流。此时 UI 流程图设计人员不宜做过多解释，并且所有的解释必须要有流程图中的元素为之佐证。

基于通过测试后的 UI 流程图应该可以顺利统计出本软件有多少个页面、多少个弹窗、多少处需要第三方 API 接口等基本信息，这些信息是评估线框图设计工作的起点。

5.7　课后习题

1. 请举例说明逻辑设计的"逻辑自洽"。

2. 请举例说明逻辑设计的"逻辑完备"。

3. 梳理并绘制拼多多的拼单业务流程。

4. A 公司需要为当前大学生群体设计一款以视频服务和社群服务为核心的应用软件，请以此项目为依托，在前一章作业的基础上绘制前后端的 UI 流程图。

线框图是软件或者网站设计过程中非常重要的一个环节，也是整合框架层的全部三种要素的方法，即通过安排和选择界面元素来整合界面设计、通过识别和定义核心导航系统来整合导航设计，并且通过放置和排列信息组成部分的优先级来整合信息设计，由此把三者放到一个文档中，以确定一个建立在基本概念结构上的架构；同时指出视觉设计应该前进的方向。

6.1   UI 基本元素

要设计出优秀的移动应用，就要先了解目前不同操作系统下优秀的设计案例。本书将改善编程质量的方法用在了 UI 设计上，其中收集了大量的界面设计图片（iOS、Android、BlackBerry、WebOS、Sybian 和 Windows 等系统的应用截图）。对于移动应用界面设计师来说，这无疑是笔巨大的财富，可以将其作为创作的灵感源泉。

如果按功能划分，UI 元素可归为以下 5 类。

（1）触发操作：按钮、滚动条、手柄等。

（2）数据录入：文本框、复选框、滑块等。

（3）以信息展示为主时可能触发的操作：气球提醒、加载器、进度条、启动页、工具提示等。

（4）容器：窗口、Tab 标签页等。

（5）导航：面包屑、导航条、分页器等。

本书重点介绍以下 10 种 UI 元素。

6.1.1   导航元素

跳板式导航对操作系统并没有特殊要求，在多种设备上都有良好表现，有时也被称为"快速启动板"（Launchpad）。跳板式导航的特征是登录界面中的菜单选项就是进入各个应用的起点，常见的布局形式是 3×3、2×3、2×2 和 1×2 的网格，如图 6-1 所示。

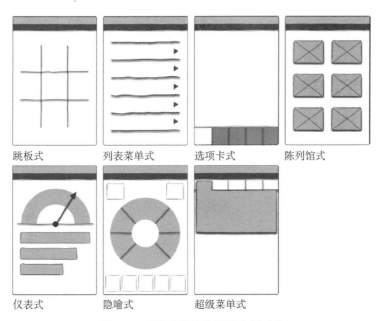

图 6-1　跳板式导航常见的布局形式

跳板式导航不一定必须拘泥于网格布局，也可以成比例地放大某些选项，以彰显其重要性。在 iPhone 的应用 Masters 中，VIDEO 选项的大小就是其他菜单选项的 2～3 倍。

列表菜单式导航与跳板式导航的共同点在于每个菜单项都是进入应用各项功能的入口点，这种导航有很多种变化形式，包括个性化列表菜单（Personalized List Menu）、分组列表（Grouped List）和增强列表（Enhanced List）等，其中增强列表是在简单的列表菜单之上增加搜索、浏览或过滤之类的功能后形成的。

选项卡式导航在不同的操作系统中有不同表现，对于选项卡的定位和设计，不同操作系统有不同的规则。如果选择这种导航模式，则要为不同的操作系统专门定义选项卡的位置。

陈列馆式导航的设计通过在平面上显示各个内容项来实现导航，主要用来显示一些文章、菜谱、照片、产品等，可以布局成轮盘、网格或用幻灯片演示。

仪表式导航提供了一种度量关键绩效指标（Key Performance Indicator，KPI）是否达到要求的方法，经过设计以后每一项度量都可以显示额外的信息，这种导航模式对于商业应用、分析工具及销售和市场应用非常有用。

隐喻式导航的特点是用页面模仿应用的隐喻对象，主要用于游戏，但在帮助人们组织事物（如日记、书籍、红酒等）并对其进行分类的应用中也能看到。

移动设备中的超级菜单式导航与网站所用的超级菜单式导航类似，它在一个较大的覆盖面板上分组显示已定义好格式的菜单选项。

次级导航（Secondary Navigation）指那些位于某个页面或是模块内的导航，如 ANZ 应用中的跳板式导航就是主要的选项卡式导航的次级导航；同样，在 Jamie Oliver's Recipes 应用中列表菜单是主要的选项卡式导航的次级导航，所有的主要导航模式都可以用作次级导航。我们经常能够看到选项卡下再用选项卡式导航、列表式导航、仪表式导航，以及跳板式导航下采用陈列馆式导航等情况，如图 6-2 所示。

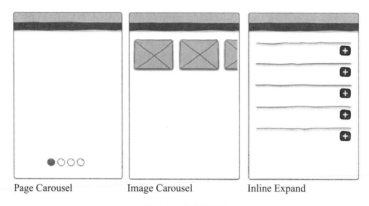

图 6-2   次级导航

6.1.2   表单元素

常见的表单元素有登录表单（Sign In）、注册表单（Registration）、核对表单（Check Out）、计算表单（Calculate）、搜索表单（Search Criteria）、多步骤表单（Multi-step）、长表单（Long Form），大部分网络应用程序都依靠表单实现数据输入或布局，如图 6-3 所示。

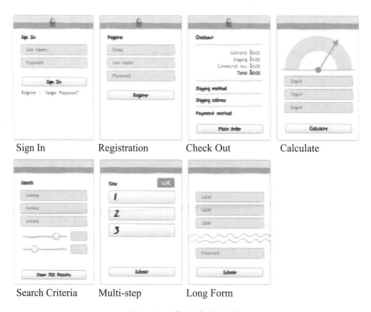

图 6-3   常用表单元素

6.1.3 表格和列表元素

常见的表格和列表元素有基本表格（Basic Table）、无表头表格（Headerless Table）、行分组表格（Grouped Row）、固定列表格（Fixed Column）、级联式列表（Cascading List）、可编辑表格（Editable Table）、带有视觉指示器的表格（Table with Visual Indicator）、带有内容总览和数据的表格（Overview Plus Data）等，如图 6-4 所示。

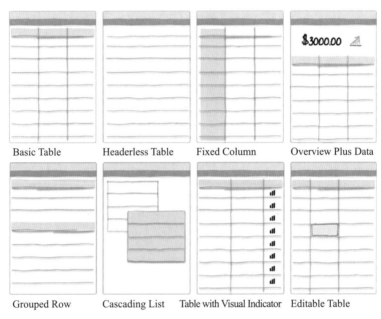

图 6-4 表格和列表元素

设计表格和列表的首要原则是只显示最重要的信息。

6.1.4 搜索、分类和过滤元素

常见的搜索、分类和过滤元素有显性搜索（Explicit Search）、自动补全搜索（Auto-complete）、范围搜索（Scoped Search）、保存搜索记录并显示最近搜索内容（Saved and Recent）、搜索标准（表单）（Search Criteria (form)）、搜索结果（Search Result）、屏内分类（On-screen Sort）、分类排序选择器（Sort Order Selector）、分类表单（Sort Form）、屏内过滤（On-screen filter）、过滤容器（Filter Drawer）、过滤对话框（Filter Dialog）、过滤表单（Filter Form），部分如图 6-5 所示。这种元素设计的首要标准是让这些功能易于使用。

6.1.5 工具元素

常见的工具元素有工具栏（Toolbar）、重叠菜单（Overlay Menu）、情境工具

（Contextual Tool）、内联操作（Inline Action）、调用操作按钮（Call to Action Button）、批量操作（Bulk Action），如图 6-6 所示。

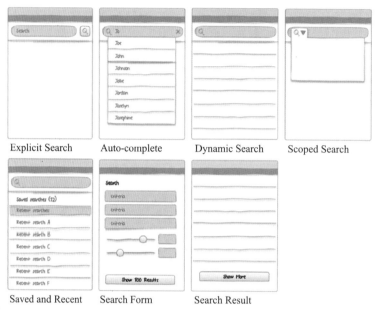

图 6-5   搜索、分类和过滤

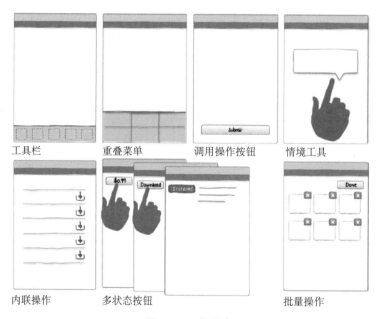

图 6-6   工具元素

在《*Designing Web Interfaces*》一书中提出富交互网络应用设计的 6 条原则，其中最核心的两条是直截了当（Make It Direct）和轻量化设计（Keep It Lightweight），这两条原则也同样适用于移动应用界面中的工具和操作设计。"直截了当"指在输入域周围显示结果，界面应该直接反映用户的交互结果。Flickr 的内联编辑功能就是个典型的例子，如图 6-7 所示。

图 6-7　Flickr 的内联编辑功能

而"轻量化设计"则要求尽可能保持交互过程的轻量化。早先的网站 Digg 即是遵循这一原则的典型案例，它对文章的一步化操作极大地促就了自身成功。

轻量化设计风格一直是 UI 优化的方向。比如传统中我们经常使用按钮来控制某些功能或者电器，但是很明显，按钮与其效果展现常常存在一定的距离，比如灯的开关在这个位置，它能点亮的灯泡却在别的地方。这是一种典型的非直接式的交互过程。触摸屏设备的出现带来了一场"革命"。触摸屏内的界面允许用户在更多的情境下与设备进行直接交互。除了触屏，VR 等新的解决方案也不断涌现，与此相应，UI 也需要进一步优化，尝试更多可能性。因此在为触摸屏设备设计交互方案时，一定要时常自问：此处真的还需要另外一个按钮或控制项吗？

6.1.6　图表元素

常见的图表元素有带过滤器的图表（Chart with Filters）、总览加数据式图表（Overview +Data）、滚动预览图表（Scrolling with Preview）、数据点细节图（Data Point Details）、详细信息图（Drill Down）、缩放图（Zoom In）、数据透视表（Pivot Table）、火花谱线图（Spark lines）等，如图 6-8 所示。移动应用的图表设计可以沿用印刷和桌面系统图表设计的原则，也可以效仿后两者成功的案例。

所有的图表元素都建立在基本图表的设计之上，最简单的图表应该包括标题、轴标签及数据。数据应该显示为饼状图（Pie）、条形图（Bar）、柱状图（Column）、面积图（Area）、折线图（Line）、气泡图（Bubble）、散点图（Scatter Plot）、子弹图（Bullet）、雷达图（Radar）、计量图（Gauge）或混合图表，根据图表的类型不同或许还需要设计图例。

6.1.7　视觉吸引元素

常见的视觉吸引元素有对话框（Dialog）、提示（Tip）、使用向导（Tour）、视频演示

（Video Demo）、幻灯片（Transparency）、首次使用引导（1st Time Through）、持续视觉吸引（Persistent）、可发现的视觉吸引（Discoverable）等，如图 6-9 所示。

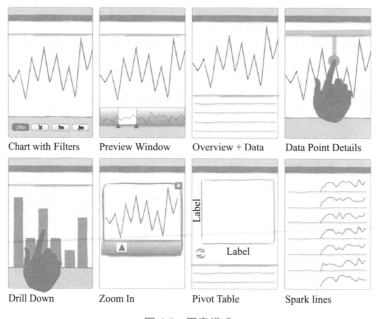

图 6-8　图表模式

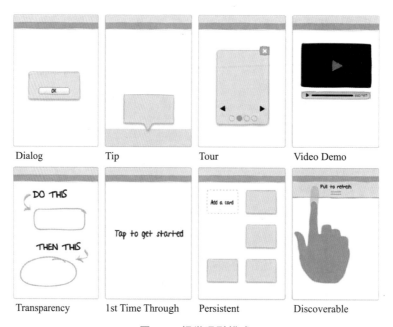

图 6-9　视觉吸引模式

该元素的作用为吸引用户并促使其发现产品功能。

6.1.8　反馈与功能可见性元素

常见的反馈元素有出错（Error）、确认（Confirmation）、系统状态（System Status）等，如图 6-10 所示；常见的功能可见性模式有触摸（Tap）、滑动（Flick）、拖曳（Drag），其作用是向用户提供适当、清晰且及时的反馈。

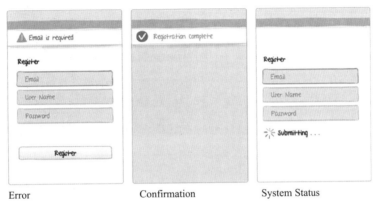

图 6-10　常见的反馈模式

6.1.9　帮助元素

常见的帮助模式有使用说明（How To）、界面元素说明（Cheat Sheet）、使用向导（Tour）等，该模式应该易于用户学习，使其快速掌握应用使用方法，如图 6-11 所示。

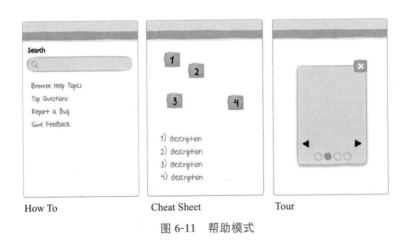

图 6-11　帮助模式

6.1.10　丑陋的设计

丑陋的设计有标新立异、隐喻错位、愚蠢的对话框、图表垃圾、按钮海等，如图 6-12 所示。

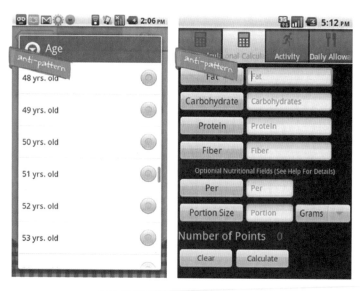

图 6-12　丑陋的设计

6.2　布局设计

平面设计中的布局通常称为"广告布局",又称为"广告构图",是指在一定规格、尺寸的版面位置内把一则广告作品设计要点(包括广告文案、图画、背景、饰线等)进行创意性编排和登记组合并加以布局安排,以取得最佳的广告宣传效果,即对广告的插图、文字形式和商标图案等要素所做的整体安排,其构成要素包括图形、文案和商标等。

6.2.1　设计步骤

布局设计的一般步骤是创意布局→粗略布局→完稿布局。

1. 创意布局

广告布局设计的一个关键步骤就是设计草案(Thumbnail Sketches),它是广告企划员、文案员、美术员等经头脑风暴会议共同讨论并将创意以粗线条勾画出来的,故称"创意布局"。通常它被画在一系列小幅画纸上,不刻意描绘创意细节。目的是粗略表达创意的不同布局形式,以用作广告表现导向。草图一般要画多幅,经过反复比较以选择最佳布局。

2. 粗略布局

当广告标题、副标题、主文及广告插图等广告元素确定后,设计人员就要从营销观点出发来判断应强调的表现主题和主体,然后根据轻重有序、平衡协调的原则安排其他要素的位置和形态,形成有视觉(Vision)效果的粗略布局。这种布局一般用于征求广告主初步认可,也是与上级主管人员磋商定案的基本依据。

3. 完稿布局

粗略布局被认可后，美工人员要进行最后版面综合布局，又称为"完稿布局"（Finished Layout）。完稿布局要求比较精细，文字处理讲究，通常要用正式的照片图像、打印字体、正规插图等。布局要高度精细化和具体化，整体效果应宛如正式印刷作品。

6.2.2 基本原则

布局设计一般注意统变有度、有主有从、均衡协调等原则。

1. 统变有度

广告布局须遵循统变有度原则，即在整体上要统一完整，而在局部上则应灵活变化。

广告中一切要素就局部而言是相对独立并有变化的，但在整体上要与精神关联并与情感呼应，形式协调统一。

广告插图、产品形象、商标图案、文字形式等，都要相互呼应、关联统一。统一与变化在动态上具体表现为连续与反复的关系。

连续是变化形态间的联系与统一，系列商品等的反复排列是有规律、有节奏的伸展和连续。连续与反复搭配得当既可强调广告信息、强化记忆度，又可增强广告画面的韵律美、节奏感。

2. 有主有从

广告构图要素要有主有从，主从分明，详简得当。

一则广告有主无从会显得单调呆板，有从无主则散漫零乱。在进行广告布局时首先要根据广告主题确定以何种要素形式为主体，将之置于画面的中心位置，以此主导和统摄整个广告画面的造型。其他要素形式则从属于主体态势，使之生动而不呆板，富有生气。

广告布局最主要的主从搭配是插图与文案之间的搭配，一般无外乎图主文辅和文主图辅两种基本类型。实际上图文的主从搭配是相对的，二者常常是互相呼应、相得益彰的。

3. 均衡协调

广告布局还须讲究均衡对称效果，即广告画面结构应对称均衡、对比协调。

所谓"对称"即以一点为基准向上下或左右同时展开的形态，包括上下对称、左右对称、3 面对称、4 面对称和多面对称等。它以同形、同量、同距、同色的组合形式体现出秩序美和规则感，形成平稳庄重、严谨宁静的美感。

所谓"均衡"不是形式上的机械平衡，而是指广告画面所引发的安全平稳感，给人以放逸、生动、玲珑、自由的美感。

所谓"对比"是指正反两事物并列在画面上所产生的分离感，如色彩冷暖、色泽明暗、动静曲直、位置高低、线条粗细、面积大小、数量多少等都可以形成对比效果，使广告构图引人注目、广告商品特性突出。

6.2.3   分割布局原理

分割布局是页面布局方式中的一种简单范式，目的是试图让用户初览页面时感受到一种友好的浏览体验。

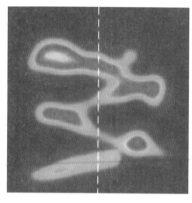

图 6-13   视线沿着一个之字形移动

我们可以参考的设计范例和布局原则有很多，如栅格化、纵向一致性、F 型布局、Z 型布局、三分法则、黄金分割法等。注重这些原则将会为设计带来视觉吸引力和功能性。现在看一种简单的方式，即将页面两等分，这种基本布局确实能起到非常好的效果。用户通览一个页面时视线常常会沿着一个之字形移动，如图 6-13 所示。如果用户的视线沿着一条水平线移动就像在 Z 型布局中一样，那么就会很专注（或者说尝试着专注）。但由于初访你网站的90％用户都不会仔细地关注页面，因此让设计的页面浏览起来友好肯定会获得不错回报。

从雅虎的眼动追踪研究可以发现如下问题。

（1）人们通过扫视页面的主要部分判定这是个什么网站，以及是否想在此多停留一段时间。

（2）用户仅仅在 3 秒内就会对页面做出是否继续浏览的决定。

（3）如果用户决定留在页面，则会最关注屏幕顶部的内容。

网站的用户总是很匆忙，不能指望他们会停下来欣赏网站的美学。虽然良好的美学设计是非常重要的，但是这并不能完全激发用户采取行动，如去点击"立即购买"或者"了解更多"按钮。

我们不能埋怨用户，永远要记住当用户想查询时会立即打开谷歌的第 1 个搜索结果并且火速看完，或者更确切地说是粗略地浏览整个页面。大多数时间，用户甚至会毫不留意地将页面滚动到底部。经过这个阶段后，如果用户认为这个页面值得花时间，就会回到页面顶端并且花精力浏览。

那么，用户初始浏览的目的究竟是什么呢？就是在最初扫视页面时，捕捉到尽可能多的信息。如果我们以某种方式"制定"这种浏览模式，应该就能够得到更多用户的关注。

在图 6-14 中可以发现，我们可以毫不费劲地就能看到那些圆点。奇怪的是就经验看来，相比于斜线而言，我们的视线能更轻易地跟随水平线移动——因为我们都是沿着直线阅读的。但注意这里讨论的是在初始浏览阶段，并不是用户关注网站每个细节时的阶段。

每当用户不是很专注时，其视觉流向很自然地就会呈现为"之"字形。除非有对比度更高或者更重要的元素"召唤"用户，不然用户的视线就将会遵循图 6-14 中的模式。这种模式看起来和 F 型布局非常相似，并且用户会在圆点有短暂的停留。

用户的大脑会在这些"暂停点"生成快照。在之字形布局中在这些"暂停点"布置一些包含重要信息的元素。用户的大脑就会很自然地吸收更多的细节，并将这些作为独立实体存在的"之"形端点连接起来，如图 6-15 所示。

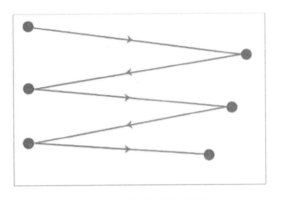

图 6-14　人眼常规扫描路径

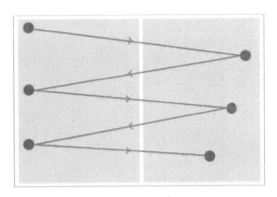

图 6-15　人眼沿常规路径扫描内容

举例来说，我们可以利用半分割布局的这一特点有效地布置作品集的预览、产品或服务的重要特性，如图 6-16 所示，这样很快就能引起网站用户的注意。最终会激励用户在网站停留更久，并说服他们采取行动。这样的话将给网站带来更高的转换率，并为用户带来更好的体验。

图 6-16　内容亮点与人眼常规扫描路径关键点完美重合的示例

让设计和布局兼容之字形非常简单，实际上这和将页面分为两等份一样简单。两等份的效果很好，因为之字形的端点或多或少能对齐到这两等分的中心，叠加使用能很好地相互呼应。将重要元素放置在网页中之字形的红色端点处，这就是分割布局或者说 1/2 布局包含的基本理念。

在图 6-16 中右面能看到两等分如何体现出一种良好的视觉层次，首先顶部的"即将来临"的红色缎带很引人注目；其次标志也很鲜明，跟随之字形线路用户看到右半部分的图片滑块；最后到达电子邮件提交表格。

图 6-17 所示的布局被划分为两等份，但是并不遵循"之"字形原则。

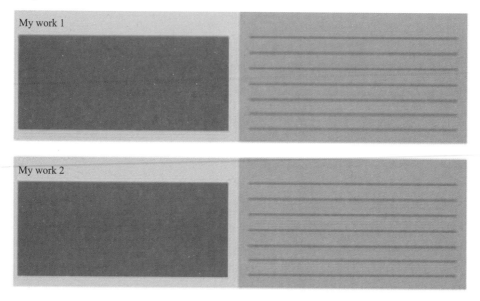

图 6-17　未遵循"之"字形的布局

虽然它看起来是个不错的布局并且易于观看，但是在看完前两个元素后就会让人感到非常沉闷死板。打破这种视觉流向并且增添视觉趣味性将会让其有所改变。不仅如此，当用户试图浏览上面这种布局时会最先看到第 1 张图片，然后跳转到第 2 部分文本。然而用户并没有打算在这个阶段浏览，因此会跳转到其他的点，或者彻底离开页面。

图 6-18 所示为一个简单的调整。

简单的互换每个项目中文本和图片的位置来增加视觉上的生动性，从而不会让用户感觉到无聊，并且还能在之字形模型后放置一个行为召唤按钮。

这个"Contact me"按钮将会有更大的机会被注意到，并且被更多的用户点击，可以采用 A/B 来测试验证本改动。

6.2.4　以网页设计为例

就像传统的报刊杂志编辑一样，我们将网页看作一张报纸、一本杂志来排版布局。虽然动态网页技术的发展使得我们开始趋向于学习场景编剧，但是固定的网页版面设计基础依然是必须学习和掌握的。它们的基本原理是共通的，我们可以领会要点并举一反三。

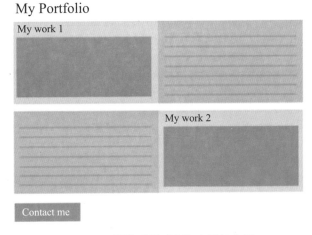

图 6-18　调整后呈"之"字形的布局

版面指的是人们看到的一个完整页面（可以包含框架和层），因为显示器分辨率不同，所以同一个页面的大小可能出现 640 像素×480 像素，800 像素×600 像素、1 024 像素×768 像素等不同尺寸。

布局就是以最适合的方式将图片和文字排放在页面中的不同位置。其步骤如图 6-19 所示。

图 6-19　版面布局的步骤

1. 草案

新建页面属于创造阶段，不讲究细腻工整，也不必考虑细节功能，只以粗陋的线条勾画出创意即可。

2. 粗略布局

在草案的基础上将确定需要放置的功能模块安排到页面中，主要包含网站标志、主菜单、新闻、搜索条、邮件列表、计数器、版权信息等。注意这里必须遵循突出重点、平衡协调的原则，即将网站标志、主菜单等最重要的模块放在最显眼、最突出的位置，然后再考虑次要模块的排放。

3. 定案

将粗略布局精细化与具体化。

在布局过程中可以遵循的原则如下。

（1）正常平衡也称"匀称"，多指左右、上下对照形式，主要强调秩序能达到稳定、诚实及信赖的效果。

（2）异常平衡，即非对照形式。但也要一定的平衡和韵律，此种布局能达到强调性、不安性、高注目性的效果。

（3）对比，即不仅利用色彩、色调等技巧来表现，在内容上也可涉及古与今、新与旧、贫与富等的对比。

（4）凝视，即利用页面中人物视线，使用户以仿照跟随的心理达到注视页面的效果，一般多用明星凝视状。

（5）空白，有两种作用，一方面对其他网站表示突出卓越；另一方面也表示网页品位的优越感，这种表现方法对体现网页的格调十分有效。

（6）尽量用图片解说，对不能用语言说服或用语言无法表达的情感特别有效，图片解说的内容可以传达给用户更多的心理因素。

以上的设计原则虽然枯燥，但是如果能领会并活用到页面布局中，则效果大不一样。例如，如下问题及其处理方法。

（1）网页的白色背景太虚，则加些色块。

（2）版面零散，则用线条和符号串联。

（3）左面文字过多，则右面插一张图片保持平衡。

（4）表格太规矩，则改用导角试试。

6.3　线框图和原型

通常，线框图需要实现以下 3 个核心目标。

（1）在进行视觉设计和交互设计之前呈现页面的内容和功能。

（2）在项目早期帮助设计师与客户交流设计理念。

（3）建立网站设计的信息层次结构。

基本上，线框图可以分解成以下 3 个主要元素。

（1）信息设计元素：包含网站结构和布局轮廓的主要信息。

（2）导航设计元素：用于创建导航以确保网站结构符合用户期望。

（3）界面设计元素：用户界面的视觉设计和描述，主要用灰阶色块。过多的颜色和美图会让设计师产生错觉，导致在实际部署使用后达不到理想的效果。

绘制线框图原型有两种方法，即手绘和借助工具，如 MockPlus 等。

有时候设计师用于喜欢提高线框图的保真度，所以强调用户界面某些方面的重要性，以及各种视觉元素之间相互作用的合理性。解决这些问题的方案就是使用交互式线框图，也叫作"可点击式线框图",这就是交互原型。

当交互原型所采用的材料不是线框图而是高保真图时,就是真正意义上行业内通常所说的原型。真正的原型制作耗时耗力,所以作为折中,通常基于线框图来创建交互原型。

6.4 UI 元素设计

UI 元素在很多场合上被称为"控件",这个称呼源于软件设计页的习惯性叫法。习惯上,控件(Widgets)是包含显示效果、数据、方法等的程序片断。在使用高级语言(VC、MFC、Tcl/Tk 等)进行程序设计,尤其是界面设计时,IDE 或者高级语言的开发环境中自带部分已经预先打包好的界面元素及程序代码,让程序开发人员在使用时通过拖曳、插入等方法,并以所见即所得的方式提高工作效率。

这些控件包括按钮、图、表格、列表等。在设计过程中有多种元素设计、创意方法可以被采用,如拟物设计、图形联想、形式嫁接等。而每种方法又有其各自特点,需要设计师综合加以综合考虑后选用。如早期拟物设计的特点是强调光影对比与物理质感,色彩都会比较偏"暗",刻画一个细节耗费时间长。

图 6-20 拟物设计示例

拟物设计如图 6-20 所示。

6.5 线框图绘制方法——MockPlus 设计

MockPlus 是目前国内比较流行的移动 App 原型设计工具,在功能上相比 Axure 不算全面和强大,但有其独到之处。

更重要是,Axure 有个比较让人头疼之处,即移动 App 项目的预览和演示比较麻烦,而 MockPlus 展现了它的便利。在演示原型方面,MockPlus 提供了多达 8 种展示预览方式,丰富而很实用。

6.5.1 MockPlus 支持的元素

MockPlus 的功能可以分为两大部分,即页面元素和交互,如图 6-21 所示。

图 6-21　MockPlus 的功能

1. 页面元素

（1）形状种类：包括圆形、矩形、圆角矩形、菱形、梯形、三角形、五角星形等，可以点击属性面板上的"形状"属性小图标进行切换。

（2）少边的矩形：采用矩形形状时可以调节边框模式来隐藏不需要的边。

（3）不同方位的三角形：采用三角形时在"方向"属性中选择不同的旋转角度即可。

（4）添加文字：双击组件，在弹出的文本框中输入需要的内容后按回车键即可。

2. 交互

目前 MockPlus 提供了页面级跳转，主要通过设置组件的链接来实现。大部分组件都有一个链接属性，可以在属性面板上设置要跳转到的页面，如图 6-22 所示。

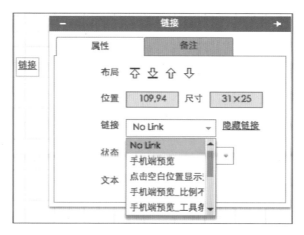

图 6-22　页面级跳转

设置后使用工具栏上的"全屏预览"按钮时就可以直接跳转了，如图 6-23 所示。

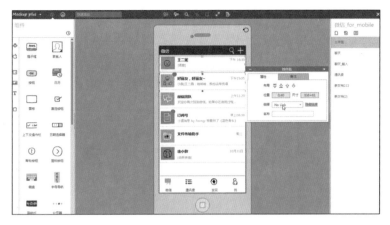

图 6-23 全屏预览

6.5.2 MockPlus 编辑

1. 添加

（1）拖动添加：从左侧组件面板中拖动一个组件到工作区。

（2）搜索添加：在上方组件搜索框中输入需要添加的组件名，在弹出的搜索结果列表中选择需想要添加的组件即可。

（3）双击添加：双击左侧组件面板中的指定组件。

（4）添加链接。

① 拖动添加：选中组件，在组件可以设置链接的区域旁边会有个小圆点，拖动该小圆点到右边页面上。完成后组件右下角会显示一个红色小图标，表明链接已经设置成功。

② 在链接面板中选择添加：选中组件，在链接面板上对应链接项中选择需要链接到的页面即可。

2. 删除

右击组件，在弹出的快捷菜单中选择"删除"命令，或者选中组件后按 Delete 键。

3. 编辑线段

（1）改变长短及角度：选中线段组件之后，线段的两端分别有两个控制点，拖动该控制点即可。

（2）改变粗细：在属性面板中找到"线宽"选项，滑动滑块即可。

（3）添加文字：双击线段组件，进入文字编辑状态，输入文字之后按回车键即可。

（4）变成曲线。属性面板上取消勾选"直线"复选框，线段中间会多出一个控制点，拖动中间这个控制点即可得到一条曲线。

4. 分组

为了更好地管理和组织多个页面，可以将页面分组。

选择多个页面后右击，在弹出的快捷菜单中选择"将页面归类到新分组"命令。

组，是把多个组件合并成一个来用，如把一个单行文字组件和一个按钮组件合并成一个组件。

在 MockPlus 中可以把多个组件合并为组，然后对组进行统一操作，这样可以提高工作效率。

MockPlus 的组操作很简单，也很好用。既可以灵活加以利用，也可以合并、解散和编辑，组中还可以嵌套组。

6.5.3　MockPlus 原型演示

1. 直接展示

（1）适用场合：快速查看原型效果。

（2）操作方式：在设计时按 F5 键。

（3）演示支持环境：MockPlus 软件。

示例 1 和 2 分别如图 6-24 和图 6-25 所示。

图 6-24　直接展示示例 1

2. 在线发布为 HTML5 的网页

（1）适用场合：通过发送一个网页链接查看原型。

（2）操作方式：点击主工具栏中"发布"按钮，即可获得一个网页链接地址，复制这个地址后发送给同事或客户。

（3）演示支持环境：浏览器。

示例 1 和 2 分别如图 6-26 和图 6-27 所示。

3. 导出 HTML5 离线包

（1）适用场合：在离线的情况下可以通过网页方式查看原型，还可以通过这个功能把网页部署到服务器中便于团队内部分享。

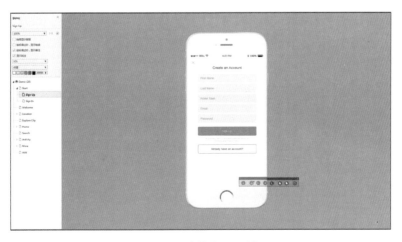

图 6-25　直接展示示例 2

图 6-26　在线发布为 HTML5 的网页示例 1

图 6-27　在线发布为 HTML5 的网页示例 2

（2）操作方式：点击主菜单"导出"→"导出 HTML 演示"命令，打开"导出 HTML 演示"对话框，如图 6-28 所示，执行相关操作即可。

（3）演示支持环境：浏览器。

图 6-28   "导出 HTML 演示"对话框

4．导出可独立运行演示包

（1）适用场合：在离线情况下查看原型。由于演示包内包含了 MockPlus 的支持环境，因此演示时可以最大程度地保证演示效果和设计效果完全一致，不受各种浏览器兼容问题的影响。

（2）操作方式：点击主菜单中的"导出"→"导出演示包"命令，打开"导出演示包"对话框，如图 6-29 所示，执行相关操作即可。

（3）演示支持环境：不需要其他软件支持。

图 6-29   "导出演示包"对话框

5. 输入原型码在手机中查看原型

（1）适用场合：在线发布项目后把获得的原型码告诉同事或者客户，扫描后即可在线查看原型，如图 6-30 所示。

（2）操作方式：点击主工具栏中的"发布"按钮，即可获得一个原型码，将其发送给同事或客户。

图 6-30　输入原型码查看原型

（3）演示支持环境：MockPlus 手机 App。

6. 扫描二维码在手机中查看原型

（1）适用场合：设计时离线扫码后即时查看原型，如图 6-31 所示。在线发布项目后也可以在浏览器中扫码。

（2）操作方式：设计时直接扫码，发布项目后用手机在浏览器中扫码或者把二维码截图发给同事或客户。

（3）演示支持环境：手机浏览器（设计时离线扫描需要 MockPlus 手机 App）。

图 6-31　扫描二维码查看原型

7. 导出图片

（1）适用场合：演示和分享静态的线框图。

（2）操作方式：点击主菜单中的"导出"→"导出图片"命令打开"导出图片"对话框，如图 6-32 所示设置有关选项，此方式支持 JPG 和 PNG 两种格式。

图 6-32　"导出图片"对话框

（3）演示支持环境：图片或幻灯片播放软件。

8. 导出项目树

（1）适用场合：把整个项目的树形结构导出为图片等多种形式，包括脑图、树图、HTML、MarkDown、XML、文本等，适合插入到 PRD 文档中辅助演示和分享。

（2）操作方式：点击主菜单中的"导出"→"导出项目树"，打开"导出项目树"对话框，如图 6-33 所示。

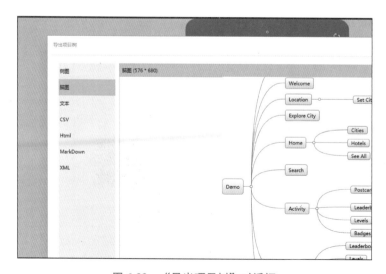

图 6-33　"导出项目树"对话框

（3）演示支持环境：图片播放、文本编辑或幻灯片播放软件。

6.5.4　MockPlus 高级技巧

1. 快速移动工作区

在设计原型时，如果页面比较大，则使用滚动条拉动可能不是很方便。这时可以左手按下空格，光标变成手型，然后右手拖动页面。

2. 锁定背景

有时作为背景的图片或者容器（如面板组件）的面积比较大，所以时不时地影响其中组件的操作。

这时可以锁定图片或者容器就可以轻松地选择其他组件执行操作。

3. 使用组件模板库

如果发现一些组件经过修改、调整或者合并后很适合下次再用，那么可以把它添加到组件模板库中。

平时多积累一些，在设计时就会多一些个人的组件，从而使设计更快更方便。

除了组件可以加入库中，整个页面、图片素材也可以加入库中。

4. 巧用复制自动排列组件

在设计时可以使用快捷键 Ctrl +D 复制选中的组件，其中的一个小技巧是把第 1 次复制产生的组件移动位置后连续粘贴，则后面添加的组件将按照同样的位移自动放置。这样可以很容易地快速实现列表，而且间距完全一致。

5. 等比例拉伸

选中控件，移动鼠标到角点上的控制点后按下，再按下 Shift 键，拉伸控件即可按控件当前宽高等比例调整其尺寸。

6. 快捷键

设计器中提供了很多快捷键，可以帮助我们更高效地进行设计。

（1）Ctrl +P：打印。

（2）Ctrl +S：保存。

（3）Ctrl +Z：撤销。

（4）Ctrl +Y：重做。

（5）Ctrl +C：复制。

（6）Ctrl +X：剪切。

（7）Ctrl +V：粘贴。

（8）Ctrl +D：复制并粘贴。

（9）Ctrl +A：全选。

（10）Ctrl +Shift +A：取消选择。

（11）Ctrl +G：合并。

（12）Ctrl +Shift +G：解散。

（13）Ctrl +T：自动填充。

（14）Ctrl +B：粗体。

（15）Ctrl +U：加下画线。

（16）Ctrl +]：字号增加。

（17）Ctrl +[：字号减小。

（18）Ctrl +Up：向上一层。

（19）Ctrl +Shift +Up：到顶层。

（20）Ctrl +Down：向下一层。

（21）Ctrl +Shift +Down：到底层。

（22）Left：左移 1 个像素。

（23）Shift +Left：左移 10 个像素。

（24）Right：右移 1 个像素。

（25）Shift +Right：右移 10 个像素。

（26）Up：上移 1 个像素。

（27）Shift +Up：上移 10 个像素。

（28）Down：下移 1 个像素。

（29）Shift +Down：下移 10 个像素。

（30）Ctrl + +：放大。

（31）Ctrl +—：缩小。

（32）Ctrl +0：缩放到合适的大小。

（33）Ctrl +1：实际大小。

（34）Del：删除。

（35）/：定位到快速添加框。

7. 显示或隐藏标尺和参考线的相关命令

显示或隐藏标尺和参考线的相关命令的如图 6-34 所示。

设置的标尺选项如图 6-35 所示。

设置参考线颜色使用主菜单中的"选项"→"系统"命令。

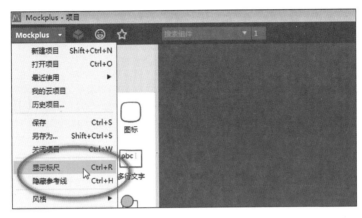

图 6-34　显示或隐藏标尺和参考线的命令

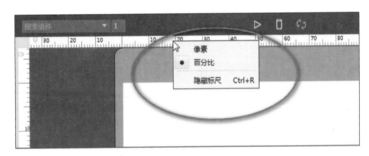

图 6-35　设置的标尺选项

6.6　测试线框图的方法

测试线框图主要聚焦于 UI 流程图吻合度测试、交互测试、易用性测试等微观层次，未通过测试的设计原则上不得进行下一步开发。

线框图测试是基于交互原型所进行的测试，此时的测试较 UI 流程图测试已经有了如下进步，一是具有可以交互的原型，可以模拟用户操作；二是测试团队具有更为完善的测试用例。

测试目标一是逻辑完整，不缺失操作环节；二是注释清晰，不缺失重要的注释。

6.7　课后习题

1. 创意练习。给自己定义一个主题，然后将每个能代表此类主题的感受用拟物方式表达出来。

2. 向阳幼儿园需要为拉近家长跟幼儿园的联系，计划设计一款 App，请为此项目设计一套 UI 元素，包括 App 商店内的图标、幼儿园 LOGO、常见 App 操作（5 个）。

3. 延续第 5 章课后习题第 4 题，撰写测试用例。

4. 用 Mockplus 临摹一个软件，软件自选，如微信、知乎、银行 App 等。

第 7 章

UI 视觉设计

UI 视觉设计需要为用户提供舒适美好的视觉享受，让用户使用产品时更顺畅；同时还传达品牌差异化，让用户清晰地辨识、记忆并喜爱该产品并以促成业务目标为结果。做视觉设计不能只流于表面形式，应该全面读懂业务需求和用户群的特征，做出符合该业务需求和品牌调性的设计。

UI 视觉设计总体上需要解决以视觉风格为载体的调性的问题，并且从视觉上结合具体需求合理优化设计，解决色彩、构成等方面的问题。

7.1 视觉风格和调性

设计风格就是视觉形象所传递的情感，UI 设计视觉风格就是通过页面传递给用户的情感，即是软件的视觉形象（VI）。常规意义上组成一个软件视觉风格的大元素包括颜色、交互元素、字体、阴影、icon 的图形及其所配的图（如登录页、企业 VI 等，但不包括用户上传的图片）等。

而调性则是从音乐领域借用的词汇，其解释是"对不同的调从心理的角度所赋予的不同特性……如大调的明朗，小调的柔和"。广义上音乐也是一种产品，其中也存在这样的特性。用户与产品交互的过程中产品的不同特性作用于用户的心理认知并在情感上对用户产生影响，使其产生心理差异并且对产品本身产生归属感。

在设计领域借用这个词语来表达产品各设计要素所体现出来的产品的感知形象，即产品通过其视觉、内容和音效等所烘托出来的氛围。产品调性融入了情感化设计因素，有调性的产品使得用户对产品产生归属感，用户对产品本身产生归属感的同时也会使用户进一步对产品品牌产生归属感。

7.2 确立视觉风格的流程

设计不等同于艺术，产品也不是表达自我的平台。设计应该解决具体问题并合理论证，因此不应该天马行空或拘泥于创意、美感和形式。太注重分析也会导致结果没有新意，无法超出用户的心理预期，因此应该在划定的范围内做一些创意性的延伸工作。如果设计师没有达到一定的高度，则可以通过研究同行业的产品共性和设计特征。然后理性地从共性加个性的角度，结合前面理解的定位分析思考自身产品的设计风格。

从把握流行的设计风格做出符合产品定位并符合品牌调性的设计风格，如果有限制，仍可在一定的范围内发散思维，从细节上创造出超出用户预期的设计。

确立风格后要进行初步的风格评审，其作用在于增加视觉输出的合理性和效率。评审的过程中可以确定设计的风格，后面的设计按计划进行，沿着此风格继续即可。

需要特别注意的是必须保持页面视觉风格统一，这样才能起到以下作用。

（1）强化品牌或事件在用户心中的印象：因为几乎所有的品牌都需要做的一件事情就是占领用户心智，即让用户在众多的品牌选择中有自己的一席之地。所以它需要不断地出现，保持存在感。

一个活动每年做，一个电影每年出续集，一个产品每年推出不同的系列等都是同一个道理，即是在强化自己在用户心目中的印象。

（2）让事件变得有序和有规律可循：就像办运动会不同的队穿不同的衣服、喊不同的口号等，即使人员走散，看队服或听口号就能辨别出是否是自己的队伍。

（3）提高相关人员的可执行性：就设计而言，一般都是主设计师设计一个设计方案。这个方案还必须保证其他设计师能够以其为模板，设计几十个，甚至上百个页面，所以必须提高相关人员的可执行性。

7.3　视觉风格设计

视觉风格由色彩、交互元素、字体、阴影、图标等组成，重点讲述色彩、配色、图标、字体等。

7.3.1　色彩

色彩是通过眼、脑和我们的生活经验所产生的对光的视觉感受，学习色彩可以从三原色及色彩心理学起步。之后利用色彩构成等相关理论并套用应用软件的一些色系搭配，结合界面布局达成页面色彩效果。

1. 三原色

提到三原色，通常有两种描述，即色光三原色（加法三原色）与颜料三原色（减法三原色）。这两种描述从不同的颜色合成方式分类，应用于不同场景。

通常将颜色用一组十六进制数字来定义，这组数字由红色、绿色和蓝色的值组成（RGB）。

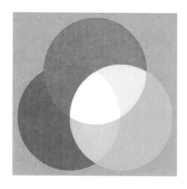

图 7-1　色光三原色

每种颜色的最小值是 0（十六进制：♯00），最大值是 255（十六进制：♯FF）。RGB 的颜色设定遵循了"色光三原色"（也叫作"加法三原色"）。三原色意味着由这 3 种颜色调和可以变化出其他各种颜色，比较常用的有红+绿＝黄、红+蓝＝紫、绿+蓝（靛）＝浅蓝、无红+无绿+无蓝＝黑（♯000000）。而红+绿+蓝＝白（♯FFFFFF 的白色是由于光线叠加的色光越多，光线越亮，所以呈白色），色光三原色如图 7-1 所示。

2. 色彩心理学"家常"

（1）颜色会带来体感温度，它分为冷色调（青、蓝）、暖色调（红、橙、黄）和中性色（紫、绿、黑、白、灰）。冷色调，听名字都知道让人感觉发冷。所以如果夏天待在墙面是蓝色的屋子里，感觉就会比较凉爽；如果墙面是橙色的，则很快就感觉炎热难耐了。这就是颜色给人带来的体感温度的差别，我们就可以通过调整颜色（墙壁、服装等）来搭配四季。

（2）颜色会影响人们对时长的感受：冷色调容易让人感受比较轻松，并且时间过得也快；暖色调容易让人感觉比较紧张，时间过得比较慢。

（3）颜色会给人们带来前进与后退的感觉：颜色并不能让人实际移动，而是人的视线消失点发生错觉，看起来像是在前进与后退。

3. 色彩的属性

色彩属性通常用 HSB 色彩模式表达，即通过色相（Hues）、饱和度（Saturation）和明度（Brightness）3 个元素来表达。

（1）色相（Hues）。

色相指色彩的相貌，用来区分不同的颜色。如果说这是紫色，指的就是色相。图 7-2 所示为十二色相环，最基本的色相，有红橙黄绿青蓝紫。

（2）饱和度（Saturation）

饱和度指色彩的鲜艳程度。我们说这个颜色好艳就是指这个颜色的饱和度很高，如图 7-3 所示。

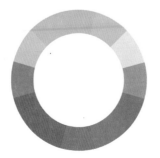

图 7-2　十二色相环

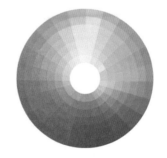

图 7-3　不同饱和度下的十二色相环

（3）明度（Brightness）

明度指色彩的明暗度，即深浅程度。色彩越接近黑色明度越低，越接近白色明度越高。我们说这个颜色好亮，就是指这个颜色的明度很高。以自然界为例，一些物体在早晨和晚上的色彩不同。例如，树木和山脉早晨色调浅；傍晚因为光线减少，所以色调显得偏暗。

增加饱和度，色彩会变得更强烈、鲜艳生动；降低饱和度，色彩会变得暗淡乏味，如图 7-4 所示。但不是所有情况下明度越高越好，化妆品品牌设计中就是使用低饱和度的颜色来创造贴近自然界的色彩。

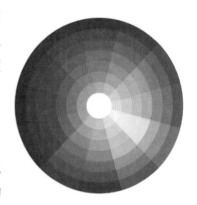

图 7-4 不同明度下的十二色相环

7.3.2 配色

配色的主要任务就是确定主体色（主色）、辅助色和点睛色，基本原则是三色搭配。在一个设计作品中单个界面的颜色应该保持在 3 种以内；否则会让用户感到眼花缭乱。这里的颜色是指色相，即 HSB 色值中的 H 值。

（1）主体色：决定画面风格趋向的色彩，可能是多种颜色，一般在界面的 LOGO 和视觉面积比较大的导航栏中使用。选择主色的过程称为"定色调"，其成败不仅影响界面视觉传达的效果，也会影响网站使用者的情绪，因此确定主色调是色彩设计非常关键的一步。

（2）辅助色：主要作用是辅助主色，使画面更为完美丰富，一般在网站的各种组件、图标和插图中使用。

（3）点睛色：指色彩组合中占据面积小，视觉效果比较醒目的颜色，主要在一些提示性的小图标或者需要突出的图形中使用。

配色有很多方法，但暖色和冷色应该平衡。如图 7-5 所示为几种配色方式，即互补色、邻近色、三色组、分裂互补色、矩形（双分裂互补色）、正方形。

Complementary　　Analogous　　Tradic　　Split-Complementary　　Rectangle　　Square

图 7-5 几种配色方式

使用黄金比例为色块区域配色是另外一个技巧，60%、30%、10%的比例是达到色彩平衡的最佳比例。在 60%的空间使用主色，30%的空间使用辅助色，最后剩下 10%的空间为另外一种色彩，如图 7-6 所示。

这样可以使用户视线从一点移动到下一个点时感到非常舒适。

图 7-6　配色中色块的黄金分割比例

（1）配色的文化属性是设计师经常忽略的，即一些色彩在不同文化中存在的差异比如，白色在西方世界中被视为纯洁纯真，和希望有关。但是在亚洲地区白色和丧事有时会产生关联，以白色为主的设计常常会被视为过于"素"，认为不够吉利。

随着现代主义运动的普及，白色也拥有了更加现代的特征，在日本白色甚至和当地文化结合延伸出更加细腻独特的精神特质。随着日本战后设计领域的发展和崛起，白色在这一地区的含义则更加丰厚。

此外，配色还需要考虑用户人群的历史沿革、性别和当下流行的风潮等。

（2）配色案例：一款为英国客户设计的炒股软件的界面如图 7-7（a）所示，改进后如图 7-7（b）所示。

（a）改进前　　　　　　　（b）改进后

图 7-7　软件配色优化示例

以炒股人士为主的用户人群对于金钱和增长有强烈情感愿望，修改进后的绿色描述了金钱和金融世界表示股票高高涨。

7.3.3　图标

图标是应用软件中的关键元素，通常根据使用场景的不同分为作为系统内软件入口的应用图标、LOGO 和软件内部使用的功能图标。LOGO 通常只有一个，应用图标也数量有限。而功能图标则种类繁多，可以进一步根据在页面上的位置或者承载的功能划分成更小的类别。

图标在设计上可以采用 Photoshop 或者 Illustrator 工具软件，网上有关的免费素材也非常多，在此仅做简单介绍。

1. 图标分类

（1）扁平化和半扁平化图标

扁平化图标大部分采用剪影表现形式，因此其要素主要包括形状和色彩，而扁平图标大多成系列地根据企业品牌定位和产品调性来确定同一种颜色，因此形状或造型成为了这一类图标设计的关键。图标造型在表现上典型的有两种：面与线。运用这两种基础元素去造型也可以进行多种组合不同的表现：单体造型、多个元素组合造型及线与面之间的独立与结合的变化。

（2）简化的微写实（拟物化）图标

写实图标就是传统的拟物化图标，并不是纯剪影，而是结合虚实过渡来的设计，从一定程度上接近剪影或扁平简化设计。其设计要素主要是面和颜色。色彩上，这类图标通过造型和色彩明暗组合，形成了一定程度的写实。质感风格上大致可以分为 6 种：纯平面、折叠、轻质感、折纸风、长投影、微立体。这种图标相对剪影而言并没有增加太多复杂度，却更加容易塑造风格，让设计师在色彩上有更多发挥的空间。最近还非常流行用色块来进行二维、三维的装饰表达，即所谓的“低面建模”。元素越多越复杂，所表达的含义也就越多，同时也会影响造型的调动。不管多少个元素总有一个最重要的对象，其他为辅助图形，在塑形大小复杂度上有区别。

（3）剪影的正负形图标

这类图标通常是单色的，少数情况下也具有综合彩色。其设计上在能被理解的基础上更加简洁抽象，言简意赅，高度提炼精华，讲究表象意境。所以它又是最难设计的，非常考究设计的理性与感性之间在功能传达上的逻辑思维。也是 UI 界所谓现代极简主义的代表。注意，若中间没把握好就会变得很“空虚”，而把握好了就显示时尚。

正形图标是以面绘制的图形，也具有和线综合表现的情况，自己根据需要可以适当变化。通常它与负形图标之间要做当前状态的转换，这手机页签上最常见，如 iOS 7。

负形图标是以线绘制的图形，具有高度的轮廓概括，就跟画骨骼一样要求精准到位，也叫线形图标。负形剪影是所有图标中最讲究也最难表达的一种风格，如果画不好就很容易显得俗气和简陋。

这种风格的优势在于简洁、清新、优雅，极具现代感，还可以完成一些抽象词汇的图形传达。

2. 设计案例

（1）设计从网格开始

针对不同的设计我们会运用不同大小的网格，这里以 32×32（单位为 px，下面省略）的网格为例。

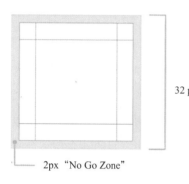

32 px

2px "No Go Zone"

图 7-8   绘制图标前的起始
网格（含边界大小）

如图 7-8 所示，网格边缘的 2 px 是设计中不可触及的，也就是留白边缘。如果没有特殊情况，一定不会让设计图形进入这个边缘界限。而留白的目的也是让设计作品看着不会太满而给用户以一定的呼吸感。

图标的结构分为形状和方向两个部分，如果图标有边框，一般会在边框位置画出正方形、圆形、三角形、矩形等图形作为边框。

方形布局和原型布局示例如图 7-9 所示。

圆形图标会在网格中成居中状，在圆形图标设计中 4 个边缘会触及内容区域的边缘，但不会触及留白区域。一些小的图形和边角部位会超出圆形，这是一个常见的现象。

方形图标一般也会在网格中居中，但大多数情况会触及内容区域的边缘。其中分为几个方形区域（蓝色、橙色和绿色），大部分图形在中间橙色区域内。每个区域内的图形占比取决于图标整体的视觉效果，这个把控需要设计师不断地练习才能运用自如。

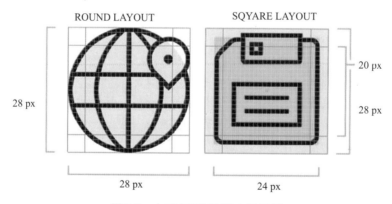

ROUND LAYOUT   SQYARE LAYOUT

28 px

28 px

20 px

28 px

24 px

图 7-9   方形布局和原型布局示例

在 32 px 的网格中，从 28 px 区域中垂直和水平地分出 20 px 区域，一般在设计图标时会试图遵循这样的规则，如图 7-10 所示。

不规则的图标可以用一个圆形来对齐，如图 7-11 所示。图形已经触及圆形的边缘，这里不用特别精确地卡边，只要接近就可以了。

网格规则不是所有设计都要遵循的，一个图标的本质远远超过这种规则的设定。网格会帮助设计师提高图标设计的一致性，但是如果在设计一个出色图标和遵循规则中选择，则应选择前者。

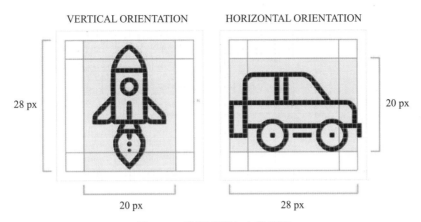

图 7-10　垂直或横向布局示例

（2）从一个简单的几何图形下手

设计图标与画草图一样，从一个简单而粗糙的圆形、长方形或三角形开始。在设计小图标时，使用 AI 是个好的选择。使用一些基本的几何图形进行设计会更加准确（尤其在曲线边缘部分），在调整时也会更快；同时能更精确地适应网格模式，如图 7-12 所示。

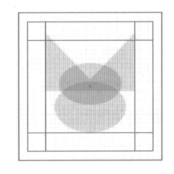

图 7-11　对角布局示例　　　　　　图 7-12　使用基本的几何图形进行设计

（3）边缘、边角、曲线及角度规范

尽可能在设计边缘、边角、曲线及角度时遵循一些数学规范的同时又不失有趣，即在一些细节上需要遵循规范。因为如果这些元素不一致，则会影响图标的质量。

① 角度：在设计中大多情况下我们会使用 45 度角或者其倍数，45 度角会显得很均匀（在像素下会表现得更强），这种完美的对角线看起来很舒服也很清晰；同时也可以帮助建立一组图标的统一性。如果要打破这种规则，则可能会使用减半角度（22.5 或者 11.5 度角）或者 15 度角的倍数，当然也会根据情况进行调整。使用 45 度角的好处是即使反角度用也是不打乱规则的，如图 7-13 所示。

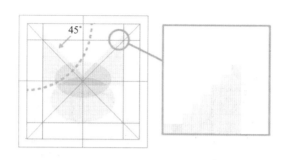

图 7-13　图标设计中角度的控制

② 曲线：是个特别考量技术的元素，即使图片质量很差，从曲线的设计就可以知道设计师的能力如何。而且人眼的测量总会存在一些小的误差，大多数人眼睛和手的协调能力达不到很高层次，所以用软件中的形状工具和一些数字来创造曲线达到效果，如图 7-14 和图 7-15 所示。

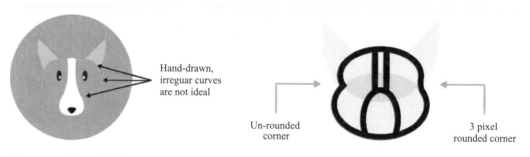

图 7-14　图标设计考虑——避免不规范的　　　　图 7-15　图标设计考虑——用简单曲线
　　　　　　手绘曲线　　　　　　　　　　　　　　　　　　　替换手绘曲线

③ 边角：圆角可能用得不多，可以根据设计总特征来选择是否用圆角并且要用多大的圆角，如图 7-16 和图 7-17 所示。

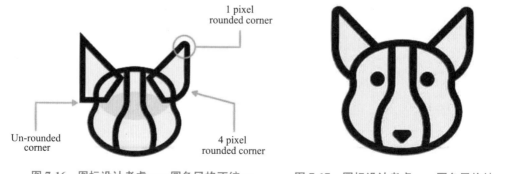

图 7-16　图标设计考虑——圆角风格不统一　　　图 7-17　圆标设计考虑——圆角风格统一

④ 像素效果：图标的像素效果在用户界面中是很重要的一部分，尤其在小尺寸设计中会影响整体视觉。如果像素网格的行间距不对齐，则会导致边缘出现锯齿，在小图标上会看起来很模糊。如果调整图标的像素，则网格会使直线变得单薄，并且角度与曲线不再精确。

这也是为什么建议使用 45 度角的原因，它比较好掌握，更加精准且容易对齐。

⑤ 线的粗细：2 像素应该是最理想的，3 像素是最通用的，如图 7-18 所示。在大多数情况下，字和扁平的图标要避免特别细的线条，除非为了做出一些期望效果。如果需要定义线条的形状，一般设计师会通过光线和阴影的方法实现。

（4）通过设计元素及图标特点来达成统一性

设计师会通过某一个元素使一系列设计更统一，从而有了自己的特色，也真正地把它们融合起来，如图 7-19 所示。

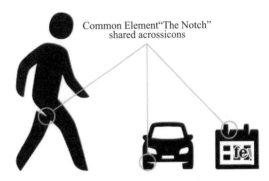

图 7-18 线条的理想粗细   图 7-19 通过特定风格来强调一组图标的系列化属性

（5）有节制地使用细节与装饰

图标的设计目的是与用户进行沟通，使其想到并且选择。太多的细节会增加图标的辨识复杂度，尤其是小尺寸更会成为累赘。当然，细节的复杂度也会影响单个或者整个系列图标的效果，如图 7-20 所示。所以当拿不准细节轻重时，最好的方法是考虑最低限度地保证细节，但要保证高质量的明确图标含义。

图 7-20 相对完美的
图标示例

（6）独特性

作为一个设计师来说，创造可能是应该更看重的，可以从结构、字体、工业、心理、自然等其他领域寻找灵感。千篇一律的图标我们都见过，可是特立独行才是用户真正认可的风格。

3. 设计规范

（1）独特的设计语言

现在应用市场上的应用图标数量十分惊人，并且很多图标造型十分相近。要想在众多的应用图标中脱颖而出，设计师在设计时就必须强调图标的独特性，突出作品的核心特征和属性。独特的设计语言才会让图标在数以万计的图标中脱颖而出，让用户形成深刻的印象，如图 7-21 所示。

图 7-21　风格突出的图标示例

（2）简洁的设计形式

应用图标在手机屏幕的显示尺寸仅为 120px ×120 px，这是最重要的设计尺寸。在设计图标时要非常注重图形的简洁，避免在小尺寸展示时由于不清晰而不能被识别；同时简洁的设计形式也会提升图标的设计品质，如图 7-22 所示。

图 7-22　设计简洁的图标示例

（3）准确的产品属性传达

应用图标代表的是一个产品的属性和功能，如图 7-23 所示。一个高品质的应用图标应该能够让用户在第 1 眼就能够感知到这个应用的属性和功能，如拍照的产品就是比较典型的一类。这类产品基本都采用了拍照图标作为应用图标设计的主要元素，这样的设计方式能够准确快速地传达产品属性；另外图标设计应当高度提炼产品特色，以找到最能代表产品属性的图形元素，并突出设计这个元素。

图 7-23　产品属性传达准确的图标示例

（4）统一的设计规范

为了更好地统一应用图标的设计样式，苹果公司专门精心设计了 iOS 图标栅格作为设计参考。它能让设计师设计的图标和 iOS 系统的图标风格保持一致，保证用户手机屏幕上的应用图标风格的一致性，如图 7-24 所示。

应用图标整体风格的统一不会让用户感觉到桌面的凌乱，这样才能营造出良好的用户体验。

（5）品牌形象的延续

移动互联网的兴盛是 PC 互联网的延续，在 PC 互联网时代已经崛起了诸多知名的互联

图 7-24　规范化设计的图标示例

网品牌。例如，我们耳熟能详的百度、网易、搜狐等。它们已经建立起非常强大品牌印象和品牌影响力，并具有超强的品牌识别度。所以在设计应用图标时应当充分地利用已有的品牌形象，如图 7-25 所示。

图 7-25　准确延续品牌形象的图标示例

让品牌的深厚积淀继续发挥作用并且让品牌形象延续，从而赋予品牌更强的生命力。

（6）避免使用照片

在应用图标设计中应该尽量避免直接使用照片，因为照片缩小后会丧失很多细节，导致图标内容不能被识别；另外，由于图标缩小后图片质量会受到很大影响，所以极大地影响应用图标的品质。

（7）艳丽的色彩

鲜亮明快的色彩搭配能够为应用图标带来更多的关注度，如图 7-26 所示。

图 7-26　色彩艳丽的图标示例

艳丽的色彩搭配正在成为一个潮流，越来越多的应用图标选择了非常艳丽的色彩搭配。其中对比色和互补色的渐变搭配是最有代表性的设计手法，无论是纯色的色彩运用或者是渐变色的色彩运用。

（8）多场景测试

在设计应用图标时也要考虑其展示场景，避免图标不能完美展示的情况。应用图标不仅仅展示在多种尺寸的手机屏幕上，也会在应用市场、设置栏、手机状态栏等多处展示。在不同场景下应用图标需要根据需求做相对应的设计优化，如应用图标在状态栏展示时应当适当地为应用图标做一些简化处理，如去掉不必要的装饰元素，保证在超小尺寸场景下图标也能清晰展示；反之如果在大尺寸的场景下展示，则应该适当地添加一些设计细节保证应用图标的品质，避免给用户带来简单粗糙的视觉印象。

（9）避免使用大量文字

在应用市场上也常常能看到一些为了传达产品信息而大量使用文字作为应用图标的产品，如图 7-27 所示。

图 7-27　主体为文字的图标示例

这种应用图标的设计手法粗暴简单，由于文字太多，所以只能在有限的空间内将文字缩小展示，从而导致应用图标看起来拥挤，用户也很难看清楚信息。大量使用文字的另一个致命后果是大大降低应用图标的设计美感，不仅不能使用户产生好的印象，反而会招致用户的反感。

有关终端设备对 UI 图标的限制请参考附录 A。

7.3.4　字体

字体是图标设计中重要的构成要素之一，能够辅助信息的传递，是文字的外在表现形式。字体还可以通过其独有的艺术魅力表达情感体验并塑造品牌形象，如图 7-28 所示。

1. 字体设计的重要性

（1）传递辅助信息

文字是信息内容的载体，也是记录思想、交流思想、承载语言的图像或符号。而字体则是文字的外在形式特征，即文字的视觉风格表现，合适的字体可以辅助文字将信息清晰、准确地传递给用户。

（2）表达情感体验

字体的艺术性体现在其完美的外在形式与丰富的内涵之中，在文字信息传递给用户之前人们首先感受到的是字体带来的视觉魅力及情感表达。

（3）塑造品牌形象

不同字体有不同的风格特征，有的字体优美清新、线条流畅；有的字体造型规整、充满张力，还有的字体生动活泼、色彩明快。根据产品的属性选择正确的字体，即可有效地塑造品牌形象。

图 7-28　中文文字设计中的关键参数

2. 常用字体

字体选择由产品属性或品牌特性的关键词决定，一般中文字体分为黑体、宋体、仿宋、楷体等；英文字体分为无衬线体、衬线体、意大利斜体、手写体、黑字体等。

（1）中文字体

线上中文字体推荐使用思源黑体、华文细黑、冬青黑体、微软雅黑、苹方-简、黑体-简、方正兰亭黑，如图 7-29 所示。其中 iOS 系统默认中文字体是"苹方（PingFang）"，Android 系统中文字体使用"思源黑体"。

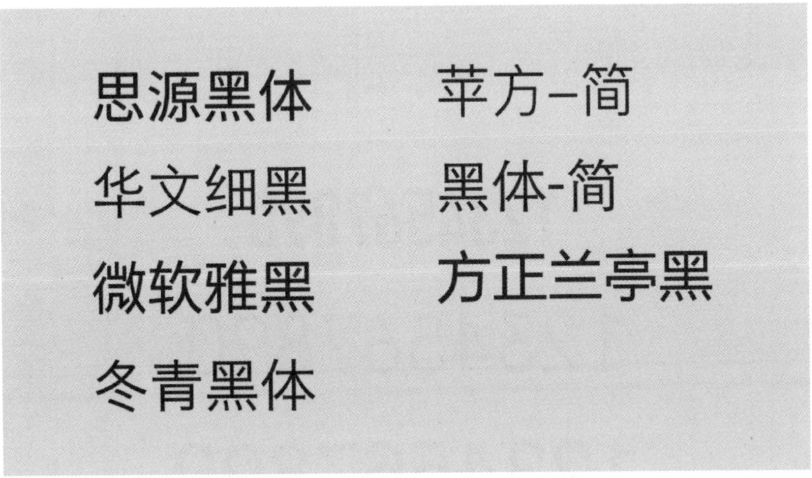

思源黑体　　苹方-简

华文细黑　　黑体-简

微软雅黑　　方正兰亭黑

冬青黑体

图 7-29　常见中文字体效果展示

思源黑体由 Google 和 Adobe 合作开发，风格介于现代和传统之间。可以广泛用于多种途径，比如手机、平板、桌面的用户界面及网页浏览或者电子书阅读等。它为人们带来了愉悦和高效的信息阅读体验，并且是免费的。

（2）英文字体

线上英文字体推荐使用 San Francisco、Helvetica Neue、Roboto、Avenir Next、Open Sans，如图 7-30 所示。其中 iOS 系统默认英文字体为 San Francisco，Android 系统默认为 Roboto。

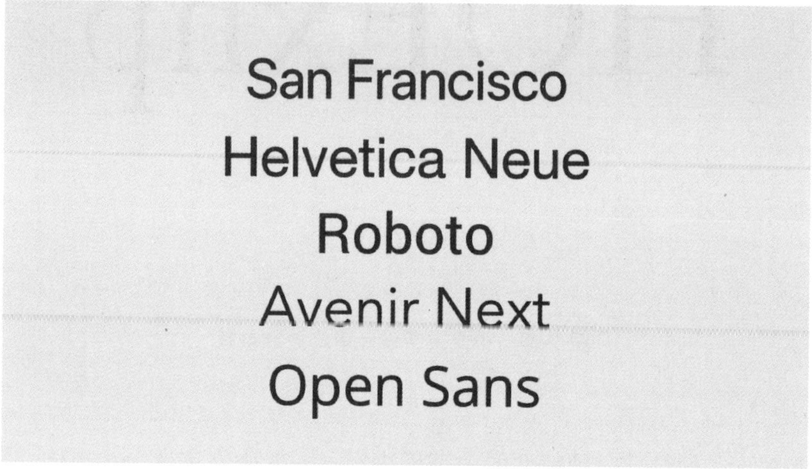

图 7-30　常见英文字体效果展示

Helvetica Neue 是一种被广泛使用的西文字体，1957 年由瑞士字体设计师设计，微软常用的 Arial 字体也来自它。作为一款经典的无衬线字体，Helvetica Neue 在平面设计和商业上的应用非常普及和成功，被认为是现代主义设计理念的典范，其简洁朴素的线条风格非常受追捧。

（3）数字字体

线上数字字体推荐使用 DIN、Core Sans D、Helvetica Neue，如图 7-31 所示。

图 7-31　常见数字字体效果展示

DIN 起源于 1995 年的德国，是无衬线字体。其特点是易用耐看、字形开放，是设计师最喜爱的几类字体之一。它适合显示比较长的大号数字，但是小字号的情况下识别度较低。

Core Sans D 是由韩国设计师设计的一款无衬线字体，支持 Thin、Light、Regular、Medium、Bold 等类型字重并且大号数字的显示效果不错，不过是收费的。

Helvetica Neue 除了前面介绍的简洁朴素、中性严谨和没有多余的修饰外，还拥有了更多的字重，可以作为 iOS 和 Android 跨平台数字字体使用。

2. 字号

（1）关于字号

字号是界面设计中另一个重要的元素，其大小决定了信息的层级和主次关系，合理有序的字号设置能让界面信息清晰易读、层次分明；相反，糟糕无序的字号使用会让界面混乱不堪而影响阅读体验，如图 7-32 所示。

图 7-32　手机页面中文字的推荐字号

（2）字号的选择

字号的选择可以遵循 iOS、Material Design、Ant Design 等国内外权威设计体系中的字号规则，也可以根据产品的特点自行定义。

iOS 中以 pt 为字号单位，1pt 为七十二分之一英寸。而本书早前所用的单位为 px，及传统所说的 DPI。pt 与 px 的对应关系需要借助图片属性中的 DPI（每英寸点数）进行准确换算。

① iOS 字号规则：在 iOS11 系统中使用 San Francisco 作为系统英文字体，包含几种字号的文本样式，其中 11 pt/12pt Caption 为说明文字，13 pt Footnote 为脚注，15 pt

Subhead 为副标题，16 pt Callout 为标注，17 pt Body/Headline 为正文/模块标题，20 pt/22 pt/28 pt Title 为页面标题，34 pt Large Title 为页面大标题。

需要注意的是，San Francisco 字体有两种模式，即文本模式 SF Pro Text 和展示模式 SF Pro Display。前者适用于字号小于 20 pt 的文字，后者适用于字号大于等于 20 pt 的文字，如图 7-33 所示。

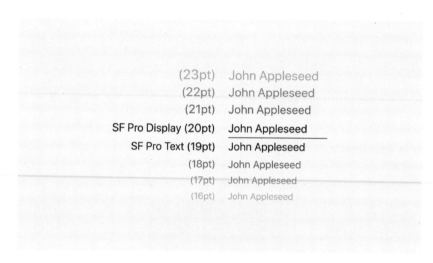

图 7-33   iOS 中不同字号的展示

② Material Design 字号规则：在 Material Design 设计体系中使用 Roboto 作为英文字体并规定了文字排版的常用字号，其中 12 sp 用于小字提示，14 sp（桌面端 13 sp）用于正文/按钮文字，16 sp（桌面端 15 sp）用于小标题，20 sp 用于 Appbar 文字，24 sp 用于大标题，34 sp/45 sp/56 sp/112 sp 用于超大号文字。

长篇幅正文的每行建议 60 个字符左右，短文本建议每行 30 个字符左右。

③ Ant Design 字号规则：Ant Design 受到 5 音阶及自然律的启发定义了 10 种不同的字号，从小到大依次为 12 px、14 px、16 px、20 px、24 px、30 px、38 px、46 px、56 px、68 px。建议主要字号为 14 px，其余字号可根据具体情况自由定义，尽量控制在 3～5 种之间。

3. 行高

（1）关于行高

行高可以理解为一个包裹在字体外面的无形框，字体距框的上下空隙为半行距，如图 7-34 所示。

参考 W3C 原理，眼睛到屏幕的距离 25 cm 为最佳阅读距离。西文的基本行高通常是字号的 1.2 倍左右；中文因为字符密实且高度一致，没有西文的上伸部和下延部来创造行间空隙，所以一般行高需要设得更大。根据不同人群的特点（儿童、年轻人、老年人）及使用环境，可达到 1.5 至 2 倍，甚至更大。

图 7-34　英文文字设计中的关键参数（行高）

（2）设置行高

一般情况下，行高计算公式为：

$L = F + 8$

其中 L 为行高，F 为字号（Font Size），$F \geqslant 12$。

① iOS 行高：Apple 官方的 iOS 字号与行高的对应关系如表 7-1 所示（@1x 倍率）。

② Ant Design 行高设置。蚂蚁金服 Ant Design 字号与行高的对应关系如表 7-2 所示（优先使用系统默认字体）。

表 7-1　Apple 官方的 iOS 字号与行高

文本类型	字号（pt）	行高（pt）
Caption	11/12	13/16
Footnote	13	18
Subhead	15	20
Callout	16	21
Body/Headline	17	22
Title	20/22/28	25/28/34
Large Title	34	41

表 7-2　蚂蚁金服 Ant Design 字号与行高

字号（px）	12	14	16	20	24	30	38	46	56
行高（px）	20	22	24	28	32	38	46	54	64

4. 字重

（1）关于字重

字重是指字体的粗细，一般在字体家族名后面注明的 Thin、Light、Regular、

Medium、Bold、Heavy 等都是字重名称，如图 7-35 所示。

Black　Regular
Heavy　Light
Bold　Thin
Semibold　Ultralight
Medium

图 7-35　常见英文不同粗细的效果展示

越来越多的产品界面需要通过字重来拉开信息层次，当下主流趋势 iOS11 大标题风格就是通过字重来拉开信息层级的。

不同的字重体现不同的层级关系和情绪感受，细的字体给人以细腻、轻盈的感觉，而粗体则给人庄重和严肃的感受。所以在定义字体规范时需要考虑什么场景用什么字重，从而保持良好的阅读体验。

（2）字重的设置

字重的设置同样基于秩序、稳定、克制的原则，为了统一整体效果，一般情况下使用两种字重为佳。例如，只出现 Regular 及 Medium 这两种字体粗细，特殊情况下可以使用更粗或更细的字重进一步拉开信息层级。

当字号大小为 12～18 pt 时，建议使用 Regular；20～26 pt 时，建议使用 Light；28～34 pt 时，建议使用 Thin；大小超过 34 pt 时，建议使用 Ultralight。

以上是按字号与字重反比的规则设置的，即字号越大，字重越细。当然也可以按正比的规则或者自定义规则，具体还要根据产品的定位和用户的特点来设置，以保证信息层级清晰明了。

7.4　视觉风格的发展趋势

一直以来视觉风格沿着 3 条路径进行探索和发展，在这个基础上结合设计者自身优势可以持续不断地保持视觉风格发展的活力并推出适合社会需求的新设计。

1. 拟物化设计风格

设计灵感起源于现实中的物件，如信封、信箱、齿轮等。借助已有实体设计也要添加设计功能中并不必需的元素，这种真实的实物感及质感带给用户极大的亲切感，能使其更快地掌握如何使用产品。例如，锤子科技公司的手机系统 Smartisan OS 的 UI 大量采用了拟物化设计风格。该系统自带软件计算器，其图标是具有真实质感的计算器按钮，能使用户快速识别。打开后无论从质感、立体感到屏幕显示、字体显示、界面颜色再到触觉反馈，无不呈现出真实的计算器效果，这样的设计能带给用户生活中的亲切感。

2. 扁平化设计风格

扁平化设计风格是指在设计过程中使用简单的特效或者不使用视觉特效，而以极简单的形体设计。这种设计方式较简单直接，也更加轻量化，更加适用于移动界面的设计。如 2010 年微软的 Windows Phone 操作系统的整体布局采用色彩明亮的色块进行区块划分和整体布局，图标设计也采用极简的线形和面元素设计，整体轻快简洁。随后苹果公司和谷歌公司分别在 iOS 和安卓系统中也开始采用扁平化设计风格。受此影响，国内外的软件厂商为与手机系统风格保持一致也纷纷效仿。

3. 原质化设计风格

原质化设计风格是谷歌公司研究的一种新的设计语言，也是一种设计规范。该风格由谷歌团队通过对纸质和墨水材料的研究，在基本元素的处理上借鉴了传统的印刷设计、排版、网格、空间、比例、配色、图像；同时强调结合实体物理属性，以及规律且合理的动效和高效的空间化利用。与物理世界接近的触感可以让用户更为自然、快速地理解和认知。该风格是在扁平化风格基础上加以真实物理世界的触感，是介于上述两种风格之间的风格。原质化设计风格尚处于发展初期，在未来的发展中可能在 UI 设计视觉语言风格中占有一席之地。

除了风格上的持续革新，一些视觉规律也在被有意识地引入，为设计带来一股新风，有时也能取得良好效果。

（1）蓬佐错觉

蓬佐错觉是一种视错觉（又称"铁轨错觉"），最早由意大利心理学家马里奥·蓬佐（Mario Ponzo，1882—1960 年）发现。他认为人类的大脑会根据物体的所处环境来判断其大小，并通过绘制两条完全相同并穿过一对向某点汇集的类似铁轨的直线向人们展示这种错觉。上面那条直线显得长一些是因为我们认为根据直线透视原理两条汇集的线其实是两条平行线逐渐向远方延伸，在这种情况下我们就会认为上面那条线远一些，因此也就长一点。如果远近不同的两个物体在视网膜上呈现出相同大小的成像时，则距离远的物体在实际上将比距离近的物体大。

（2）艾宾浩斯错觉（Ebbinghaus illusion）

艾宾浩斯错觉是一种对实际大小知觉上的错视。在最著名的错觉图中两个完全相同大小的圆放在一张图上，其中一个围绕较大的圆；另一个围绕较小的圆，前者看起来会比后者要小。

（3）卡尼莎（Kanizsa）三角

卡尼莎三角因意大利心理学家盖塔诺·卡尼莎（Gaetano Kanizsa）而得名，为一个大的白色正三角形呈现在 3 个黑色圆盘之前，而且这一白色三角形可能显得比图中的其余部分更亮一些。

这种错觉白色三角形的轮廓常被称为"错觉轮廓"，因为并不存在真实的轮廓线。当用手挡住图形的大部分而只露出很短一段"轮廓"时就会发现原来具有可见轮廓的纸面现在看来具有均匀的亮度，没有任何轮廓。

（4）冯·贝措尔德效应

一种颜色被另一种颜色包围，或者以另一种颜色作为背景时这种颜色就会看起来很接近周围的颜色或者背景颜色，我们把这一现象称为"色彩同化"。它属于一种色彩视错觉，又称为"冯·措尔德"（Wilhelm von bezold，德国气象学家，1837—1907 年）效应。

7.5　课后习题

1. 向阳幼儿园需要为拉近家长跟幼儿园的联系，计划设计一款 App，请为此项目设计 3 套视觉风格的图标，并阐述该风格所聚焦的客户群，包括 App 商店内的图标、幼儿园 LOGO、常见 App 操作（5 个）。

2. 简述确立产品视觉风格的基本流程和注意事项。

推算苹果视网膜屏中 pt 与像素的关系，并做出针对 UI 设计的指导原则。

第8章　DIY 可用性测试

DIY 可用性测试一直流传于一线设计团队，并由 Steve Krug（克鲁格）在《妙手回春》（网站可用性测试及优化指南修订版）一书中形成了规范化操作流程。

不同于正统测试方法，使测试主张在设计版本发布前因地制宜地为软件产品量体裁衣制定高效的测试。它与传统单元测试、集成测试等并不矛盾；相反，DIY 可用性测试的应用能有效地减少单元测试、集成测试中发现的问题数量，从而减少了返工次数，提高了项目的成功率。

8.1　DIY 可用性测试实施过程

对软件产品进行可用性测试有两个目的，即让产品变得容易使用和证实产品确实容易使用。而 DIY 可用性测试作为达到第 1 个目的存在，而不能为达到第 2 个目的而使用。

在实际项目中设计师和开发人员通常并不属于测试部门，从而使这两类人员产生一种"事不关己高高挂起"的心态，这也是目前 IT 类企业内部产生设计团队和测试团队不可调和的矛盾的根源。

事实上，问题的最佳发现地应当是设计和开发的现场，DIY 可用性测试在设计师和开发人员均可以接受的额外负担情况下发现影响产品功能和体验的大部分问题。

8.1.1　招募测试参与者

1. 用什么样的人测试

在 DIY 可用性测试初期软件产品可能存在大量严重问题，这些问题几乎任何人都会遇到。因此，开始时可以宽松地招募参与者，等到产品逐步完善后再招募贴近目标用户的参与者。

很多严重的可用性问题与领域知识毫无关系，而与导航、网页布局、视觉层次等相关，即那种几乎任何人都会遇到的问题。

2. 需要多少参与者进行测试

（1）前 3 位参与者很可能会遇到测试任务中最重要的那些问题。

（2）与最大限度地利用每一轮测试相比，多做几轮测试要重要得多，每次 3 名参与者更容易多做几次测试。

（3）3 名参与者可以使测试和总结的工作在一天内完成。

3. 到哪里寻找参与者

参与者可以是朋友、家人、同事、邻居，甚至是网上的陌生人，主要依据测试的任务和类型来选择。

4. 发出邀请

将测试的主题、测试地点、测试时间的长短，以及招募者的联系方式（最好是邮箱）、姓名、合适的联系时间发布出来。

5. 遴选最合适的参与者

（1）核实测试当天有没有时间参与测试。

（2）核实是否具有所需的资质。

（3）测试期间要进行录像，时间大约是多少。

（4）将会获得的报酬。

（5）判断是否是优秀的参与者，即能不能接受发散思维？是否善于表达？

6. 后续措施

为核实的参与者发送招募邮件，确定时间安排并提供详细信息。

（1）前来测试地点的行车路线（自驾和公交线路）。

（2）在哪里停车。

（3）测试房间的具体位置。

（4）因突发事件不能前来时能联系到负责人的电话或者联系方式。

（5）保密协议（如果有）在测试之前阅读。

7. 储备备用参与者

（1）可以到场的任何人：公司另外一个部门或者其他公司的员工。

（2）可以远程测试的"真实用户"。

8.1.2　选择测试任务并撰写测试场景

1. 制定一个任务清单

列出访问者需要在网站中完成的 5～10 项最重要的任务。

2. 确定测试的任务

（1）决定因素：哪些任务至关重要？

（2）哪些任务让设计师晚上睡不着觉？

（3）其他用户研究表明哪些功能可能不容易使用？

3. 将任务变成场景

（1）将有关任务的简单描述转换为参与者能够阅读、理解并遵循的脚本，其中指定了参与者的角色、动机、需要做的操作及一些细节。

（2）场景的措辞必须清晰、明确、易于理解，不要使用生僻的语言。

（3）在场景中不要提供线索。

4. 设置约束条件

为了保证测试工作的效率和质量，要限制参与者执行与测试任务不相干的操作，如不能离开本网站、不能使用网站内部导航等。

5. 对场景进行先导性测试

确保场景清晰、完整、明确，通常在正式测试前一两天进行先导性测试。

6. 打印场景

每张纸上设置一个场景供参与者使用，将所有场景打印在一张纸上供负责人和观察者使用。

8.1.3 测试工作前后需要核对的清单

在主持可用性测试这样的活动时很多事情必须在特定时间进行，而且有很多细节需要跟踪。而检查列表可以确保不会错过每一个事项，尤其是那些每个人都可能忘记的事项。

1. 3 周前

（1）确定要测试的目标：网站、线框图，还是原型？

（2）制定要测试的任务清单。

（3）确定要用什么样的参与者进行测试。

（4）发出招募参与者的广告。

（5）预订一个测试房间：能上网、一张办公桌和两把椅子，以及免提电话。在该房间附近安排找一间休息室，供参与者到达后就座并等待。

（6）预订一个观察室：能上网，有张办公桌和多把椅子，以及免提电话、屏幕和投影仪。

（7）预订一个会议室，供总结和午餐使用。

2. 两周前

（1）从项目小组和相关人员那里获取有关任务清单的反馈。

（2）准备参与者的报酬，如订购礼券、申请现金等。

（3）开始遴选参与者并为其安排测试时间。

（4）发送带有日期安排的邮件，邀请小组成员和相关人员参加测试。

3.1 周前

（1）给参与者发邮件，其中包含行车路线、如何停车、测试间的具体位置、迟到或者迷路时与谁联系（电话号码和姓名）及保密协议（如果有）等信息。

（2）安排备用参与者以防有参与者缺席。

（3）如果是第1轮测试，则安装并测试屏幕录制软件和屏幕共享软件。

4. 一两天前

（1）致电参与者再次核实，并询问他们是否有问题。

（2）发邮件提醒观察者。

（3）完成场景的撰写工作。

（4）对场景进行先导性测试。

（5）获取测试所需的用户名、密码和样本数据，即账号和网络登录名、虚构的信用卡卡号或测试账户等。

（6）复印要分发给参与者的材料，包括录像许可表、场景、保密协议等。

（7）复印要分发给观察者的材料，包括可用性测试观察者指南、场景清单、测试脚本等。

（8）招募参与者接待人员。

（9）招募观察室管理员，并提供"观察室管理员指南"。

（10）确保准备好了给参与者的报酬。

（11）确保配备了 USB 麦克风、外置扬声器、延长线及用于存储屏幕录像文件的 U 盘。

（12）为观察者订购点心和饮料。

（13）核实测试房间和观察间没有被他人预订。

（14）安排一位专门的接待员负责接待参与者并引领他们休息、等待或者去测试间。

5. 测试当天（第1轮测试前）

（1）订购总结会午餐。

（2）将观察者需要的材料放到观察室。

（3）确保将要测试的产品安装在测试计算机中，或者能够通过网络访问并且运行正常。

（4）测试能否与观察室共享屏幕（包括视频和音频）。

（5）关闭测试计算机中任何可能会打断测试的程序，如电子邮件、即时通信、日历活动提醒、病毒扫描等。

（6）为测试期间要打开的所有网页创建书签。

（7）确保知道可能需要联系的电话号码，包括观察室、测试房间、接待员、开发人员（以防遇到原型方面的问题）、IT 部门（以防遇到网络或者服务器方面的问题）。

（8）确保观察室和测试房间的免提电话正常。

6. 每轮测试前

（1）删除浏览器的历史记录。

（2）在 Web 浏览器中打开一个中立网页，如 Google。

7. 参与者在录像许可表中签字时启动屏幕录制软件

8. 每轮测试结束后

（1）退出屏幕录制软件。

（2）保存录制文件。

（3）如果有必要，则结束屏幕共享。

（4）记录观察到的一些问题。

（5）如果是当天最后的一轮测试且使用的是台式机，则将屏幕录像文件复制到 U 盘。

8.1.4　主持测试

1. 主持人的职责

（1）导游：负责告知参与者做什么，但是不会回答关于网站的任何问题。

（2）治疗师：负责让参与者在执行任务时用语言描述其思维过程。

（3）通过观察参与者如何使用产品并了解其思路，可借助他人的视线来看待自己的网站。而这些人并不了解网站，由此能够获得通过其他任何方式都无法获得的设计洞察力。

主持人避免怯场的方法是练习宣读脚本并且在没有压力的情况下练习测试。

2. 欢迎环节（4 分钟）

宣读脚本的第 1 部分作为开始，其中说明了接下来的测试将如何进行。

3. 提问环节（两分钟）

（1）通常在测试前后都可以问参与者几个问题并表明将仔细倾听，目的是使其放松。

（2）获取相对评分法需要的知识。

4. 浏览主页（3 分钟）

让参与者首先浏览主页，判断网站的特征是否明显。

5．执行任务（35 分钟）

执行每项任务前需要把场景描述递给参与者，并逐字宣读。

参与者开始执行任务后尽可能不要打断他们，只需要使其将精力集中在任务上，直到进入下一项任务为止。

6．问题探讨（5 分钟）

在参与者执行任务期间可以让其做些简要的澄清，但是应该记录更深入的问题，等到探讨阶段再问，并且还要打电话询问观察室的观察员有无问题。

7．道别（5 分钟）

向参与者表示感谢、询问他们是否有问题，付给其报酬并将其送到公司门口。

8．准备下一轮测试（10）

（1）重新设置计算机。

（2）根据上一轮的测试情况考虑要不要调整测试方案。

9．远程测试

远程测试的优势如下。

（1）招募参与者更容易。

（2）无须往返。

（3）更容易安排时间。

（4）效果几乎相同。

远程测试的各个方面几乎与现场测试相同，不同之处是脚本需要修改，并且需要寄给参与者报酬；此外必须决定共享谁的屏幕。

远程测试相当于提供现场测试 80％的好处和 70％的效果，是常规的可用性测试，非常适用于需要快速回答却不值得包含在月度测试中的问题和急需知道答案的问题，并且适用于在修复问题后进行的重新测试，因为脚本已经写好，很方便。

8.1.5　总结和交流

1．总结的目的

（1）总结测试中发现的最严重问题的清单。

（2）总结下个月测试前要修复问题的清单。

（3）总结会应该在测试后立刻召开，此时每个人对测试过程还记忆犹新，并且只有前来参加了测试工作的人才有资格参加总结会议。

2．现实要面对的状况

（1）任何网站都存在可用性问题。

（2）任何单位为了修复可用性问题而投入的资源都是有限的。

（3）总存在因为资源有限而无法修复的问题。

（4）现实工作中很容易因为解决那些容易解决，但是并不严重的问题而导致了最严重的问题得不到解决，因此，必须集中精力解决最严重的问题。

3. 判断问题的严重性

（1）很多人都会遇到这个问题。

（2）给用户带来严重的后果，还是只带来不便？

4. 主持总结会

（1）首先阐述总结会如何开，即选出 10 个最严重的可用性问题，然后确定其优先级并就下个月要修复的问题达成一致。

（2）让每个人从记录的问题清单中选出 3 个自己认为最严重的问题并大声念出来。

（3）将每个人选择的问题贴到白板上，然后众人投票从中选出 10 个问题。

（4）讨论解决这 10 个问题的优先级并且记录解决方案。

（5）让小组讨论下个月如何修复每个问题，并且尽可能简单。

5. 撰写测试总结报告并将其通过邮件发给相关人员

（1）测试的对象。

（2）参与者执行的清单。

（3）根据会议讨论决定下个月要修复的问题清单。

8.1.6　关于可用性问题的修复工作

1. 修复问题时尽量以少的改变达到最大的修复效果

修复工作的原则是微调，而不是重新设计。微调的费用低、工作量小，能更快地完成。大刀阔斧地修改可能会破坏其他原本运转正常的部分。重新设计意味着会同时做大量的修改，必将增加复杂度和风险，并且牵扯更大的资源。

2. 得出的可用性问题为什么没有得到修复

（1）管理层变更、发展方向变更或者两者都有。

（2）工作被推迟——修复的工作量比预期的多。

（3）没有获得所有相关人员的足够支持。

（4）心有余而力不足，不切实际地选择了过多要修复的问题。

（5）问题有更深层次的原因，着手修复时出现更严重的冲突。

（6）最重要的是各种干扰导致没有时间、资源和决心。

定量测试的目的是证明某个结论，由于要证明，因此定量测试类似科学实验，即必须严谨，否则结果将不可信。这意味着定量测试必须制定完备的测试方案，并且要严格按照测试方案测试，即必须仔细收集数据、必须有足够大的参与者样本才能确保结论具有统计意义。

DIY可用性测试是定性的，不是要证明什么结论，而是让设计师获得用来改善产品的洞察力。

我们采用的工作方式是敏捷开发，每个月有两个迭代周期。每个迭代都应该对本迭代完成的产品功能进行可用性测试，并对上个迭代修复的可用性问题进行验证测试。

简洁、高效的可用性测试工作为软件开发保驾护航，是打造完美软件产品必不可少的工作之一。

8.2　DIY可用性测试注意事项

DIY可用性测试确实能起到非常高效和有效的作用，但是，在实施过程中必须要注意以下要点。

（1）明确本测试主要是发现重大或者大多数显而易见的问题，绝对不能基于最后一轮测试来出具产品测试报告。

（2）时间把控要精准，邀请的参与者时间有限，必须要流畅而有效地执行到位。

（3）根据墨菲定律，担心出问题的地方一定会出问题，反复核查准备工作是否到位。

（4）测试过程中设计（或者开发）人员必须在场。

（5）必须要求设计（或者开发）人员提供解决发现问题的日程安排。

8.3　课后习题

1. 向阳幼儿园设计了一款App用来拉近与家长跟幼儿园的联系，请针对此项目结合甘特图，制作DIY测试日程表及相应的具体安排。

2. 某软件在开展DIY可用性测试时，A、B两位员工分别负责接待两组被测用户，A为了制造和谐氛围在引领用户时对产品做了详细介绍，而B则是简单地带被测用户进入测试会议室。请你分析A、B的做法是否正确，应该如何改正。

3. 请为DIY可用性测试撰写被测用户招募方案。

附录 A　软件产品报价核算指引

A.1　软件开发价格估算方法

软件开发价格与工作量、商务成本、国家税收和企业利润等项有关，为了便于计算，给出如下计算公式：

$$软件开发价格＝开发工作量×开发费用/人·月$$

A.1.1　开发工作量

软件开发工作量与估算工作量经验值、风险系数和复用系数等项有关，其计算公式为：

$$软件开发工作量＝估算工作量经验值×风险系数×复用系数$$

A.1.1.1　估算工作量经验值（以 A 来表示）

曾有人提出以源代码行或功能点来计算软件开发工作量，但是实施起来有不少难度，目前国内外各软件企业仍采用经验的方式估算。

为了更好地规范估算方法，建议可按照国家标准"GB/T 8566—2001 软件生存周期过程"所规定的软件开发过程的各项活动来计算工作量。

工作量的计算是按一个开发工作人员在一个月内（日历中的月，即包括国家规定的节假日）能完成的工作量为单位，也就是通常所讲的"人·月"。

特别要提醒的是，软件开发过程中既包括了通常所讲的软件开发，也应包括各类软件的测试活动。

A.1.1.2　风险系数（以 σ 表示）

估算工作量经验值也会存在较大风险，造成软件危机的因素有很多，这也是一个方面的因素。特别当软件企业对该信息工程项目的业务领域不熟悉或不太熟悉，而且用户又无法完整明白地表达其真实的需求，从而造成软件企业需要不断地完善需求获取，修改设计等各项工作。因此：

$$1 \leqslant 风险系数 \leqslant 1.5$$

根据对软件企业的了解，超过估算工作量经验值的一半是不可接受的，所以确定"1.5"为极限值。当然这既要看企业的能力，也要看用户能接受的程度。

A.1.1.3　复用系数（以 τ 来表示）

估算工作量经验值是用软件企业承担一般项目来估算的，但如果软件企业已经采用"基于构件的开发方法"，并已建立起能够复用的构件库（核心资产库或者已有一些软件产品，仅作二次开发），从而使软件开发工作量减少，因此：

$$0.25 \leqslant 复用系数 \leqslant 1$$

国内外软件企业实施基于构件开发方法（软件产品线的经验数据），可以提高工作效率达到 25%（最高值）。

A.1.2　开发费用/人·月

软件企业的商务成本、国家税收、企业利润、管理成本和质量成本均可分摊到各个软件开发人员头上。其计算公式为：

$$开发费用/人·月 = (P + Q + R \times S \times \tau)$$

A.1.2.1　P（人头费）

人头费主要是员工的工资、奖金和国家规定的各项按人计算的费用。其总量在软件企业的商务成本中占 70%～80%。其计算公式为：

$$P = B \times 1.476$$

国家规定的公积金占 7%，医疗保险金占 12%，养老金占 22%，失业金占 2%（即通常所说的 4 金）；另外还有按工资总额计征的工伤保证金占 0.5%，生育保证金占 0.5%，残疾基金占 1.6%，工会基金占 2%，累计为 47.6%。

B 为平均工资，即企业支付给员工的工资、奖金、物质奖励等多项总和除以企业员工数后分摊到每个月。

A.1.2.2　Q（办公费）

办公费包括企业办公房屋租赁费和物业管理费，以及通信费、办公消耗品、水电空调费、设备折旧、差旅费，也包括企业为员工在职培训所支付的费用，其总量在软件企业中的商务成本占 20%～30%。其计算公式为：

$$Q = B/3$$

此处办公费用按商务成本的 25%计算。

A.1.2.3　R（国家税收和企业利润）

由于国家实施发展软件产业的优惠政策，故不单独列出计算。但软件企业仍需承担缴纳国家税收的义务，可一并与企业利润一起考虑。

另外，软件企业的员工不可能全年满负荷地工作，即使一年 12 个月都安排工作，但也需抽出时间进行在职培训和提职的岗前培训。据了解，软件企业的员工一年能保证工作 10～11 个月也是正常的。国家税收和企业利润计算公式为：

$$R=B/3$$

此处为我们的建议方案，各软件企业可视情况加以变更。

A.1.2.4　S（管理系数）

通常每个机构的管理人员都会有一定的比例，参考一些机构的做法按每 10 个软件人员配备两个管理人员，即管理成本如下：

$$1 \leqslant S \leqslant 1.2$$

A.1.2.5　T（优质系数）

提高软件质量必然有所开支，即质量成本。对于不同的软件企业来说，其质量成本不尽相同。

软件企业与其他企业一样，也有诚信和品牌等诸多因素，从而增加企业的开支。

目前我们可以按通过 ISO9000 质量体系认证和 CMM 或 CMMI 的认证来确定，T 分别取值 1.05、1.1、1.15、1.2。

建议将软件企业的资质分为 4 级，由软件行业协会根据 CMMI 的认证、品牌、诚信程度等多种因素加以确定。

据此，我们综合上述得出如下结果：

$$开发费用/人 \cdot 月 = (B \times 1.476 + B/3 + B/3 \times 1.2 \times T)$$
$$= B \times (1.476 + 2/3 \times 1.2 \times T)$$
$$= B \times 2.575 \times T$$
$$= B \times \lambda$$

当 $T=1.05$ 时，$\lambda=2.7$；当 $T=1.2$ 时，$\lambda=3.09$，因此 $2.7 \leqslant \lambda \leqslant 3.09$。

如果承接国外软件外包业务，一方面员工的工资较高；一方面工作的安排也较难满负荷工作，用此建议 $R=B/2$。因此有：

$$开发费用/人 \cdot 月 = B (1.476 + 1/3 + 1/2 \times 1.2 \times T)$$
$$= B \times 2.767 \times T$$
$$= B \times \lambda$$

当 $T=1.05$ 时，$\lambda=2.906$；当 $T=1.2$ 时，$\lambda=3.32$，因此 $2.9\leqslant\lambda\leqslant3.32$。

结论：

$$软件开发价格＝A\times\sigma\times\tau\times B\times\lambda$$

（1）A：估算工作量经验值。

（2）B：软件企业的平均工资/人·月。

（3）Q：风险系数，$1\leqslant Q\leqslant1.5$。

（4）T：复用系数，$0.25\leqslant\tau\leqslant1$。

（5）λ：综合系数，$2.7\leqslant\lambda\leqslant3.09$。

A.2　软件（系统）维护价格估算方法

在完成工程项目的系统集成和应用软件开发并交付用户正式运行的一年内，对软件免费维护服务一年。

在正式运行一年后软件企业应与用户签订软件（系统）维护合同，该合同属于技术转让或技术开发合同。

根据不同的用户要求，可分 4 种级别进行软件（系统）维护。

A.2.1　A级

软件企业派出技术人员常驻用户，解决日常运行中发生的问题。

A.2.1.1　U（系统建设投资额）

U 为用户需要软件企业维护系统建设的投资额，如用户只需要软件企业维护其所开发的应用软件，U 就是该应用软件开发费；如果用户需要软件企业维护整个系统，包括计算机硬件、软件、网络和应用软件，则 U 就是该信息工程项目的总投资额。

A.2.1.2　N（技术人员数）

软件企业派出 N 个技术人员常驻用户，因此：

$$软件(系统维护费/年)＝U\times15\%\ \text{或}\ B\times\lambda\times N\times12$$

B、λ 参见 A.1 软件开发价格估算方法。

A.2.2　B级

软件企业每周 7 天，每天 24 小时（即 7×24 小时）响应，两小时到现场，并且每天派技术人员到现场进行软件（系统）性能调试，使之运行处于良好状态。软件（系统）维护费计算公式为：

$$软件(系统)维护费/年＝U\times10\%$$

A.2.3　C 级

软件企业 7×24 小时响应，两小时到场。其软件（系统）维护费计算公式为：

$$软件（系统）维护费/年＝U×5\%$$

A.2.4　D 级

用户的信息工程系统或应用软件发生问题，由原承担的软件企业派人维护。

A.2.4.1　B'

这种维护方式要求软件企业保存所有的技术档案，更需要软件企业派出专人不断熟悉和全面掌握该软件（系统）的各项技术细节，因此，这项支出必然要在维护费用收入中得到回报。

以 A.1.2 节中的 B 作为参数，将其人·月单位改为人·天，以 B' 表示。

A.2.4.2　τ'

如果软件企业采用基于构件开发方法并建立构件库，则会大大提高软件维护的效率；另外，如果有多家用户运行的软件（系统）大致类似，也可有所提高效率。

以 A.1.1.3 节中的 τ 作为参数，以 τ' 来表示，因此：

$$软件（系统）维护费/次＝B'×\tau'×n$$

n 表示所需要的人·天数，τ' 的取值是 $0.2 \leqslant \tau' \leqslant 1$。

A.3　系统集成价格的估算方法

将整个系统所涉及的设备、软件、网络整合起来并能正常地运行，运行结果能达到用户开发该系统的目标，这就是系统集成的含义。因此可以理解为单纯的设备采购和供应及单纯的应用软件开发也并不涉及系统集成。

系统集成价格应与整个系统的规模、复杂程度等项有关而系统规模往往与系统建设费用密切相关。为了简便计算，以系统建设费用（以 U 来表示）为参考坐标，复杂程度（以 α 来表示）可分为 4 种级别。系统集成费的计算公式为：

$$系统集成费＝U×\alpha×T$$

A.3.1　A 级

整个系统涉及计算机硬件、软件、局域网络，并且体系结构在 3 层次以下（含 3 层次），则 $5\% \leqslant \alpha \leqslant 8\%$。

A.3.2   B级

整个系统涉及计算机硬件、软件、局域网络、互联网，并且体系结构在 3 层以上（含 3 层次），则 $7\% \leqslant \alpha \leqslant 10\%$。

A.3.3   C级

整个系统涉及计算机硬件、软件、局域网络、互联网及多种网络接口，则 $8\% \leqslant \alpha \leqslant 12\%$。

A.3.4   D级

整个系统涉及计算机硬件、软件、网络、通信及各种数据采集设备接口或者与用主系统有接口，则 $10\% \leqslant \alpha \leqslant 15\%$。

A.4   系统解决方案费用估算方法

根据用户所提出的初步需求，软件企业根据以往的经验为之提供整个系统建设的方案，包括需购买的计算机硬件、软件、网络设备和应用软件开发的大体设想、费用估算、进度初步安排、信息化所涉及的规章制度的一些规划，有时还会涉及信息中心的建设等。

目前国内市场对于系统解决方案是一种智力劳动成果的认识不足，国内多数招标公司并不熟悉信息技术，从而使得系统解决方案收费变得更加困难，因此目前的收费处于过渡阶段。

系统解决方案费用与整个系统的规模、复杂程度等项有关。系统规模往往与系统建设费用密切相关，为了简便计算，以系统建设的总投资（以 U 来表示）为参考坐标。

复杂程度与用户的功能、性能要求、信息接口的类型和数量有关，以 β 来表示。解决方案费用 $= U \times \beta \times T$，其中，A 级，$0.7\% \leqslant \beta \leqslant 1.2\%$；B 级，$1\% \leqslant \beta \leqslant 1.8\%$；C 级，$1.5\% \leqslant \beta \leqslant 2.2\%$；D 级，$2\% \leqslant \beta \leqslant 3\%$。

附录 B UI字典范例

UI字典范例如表 B-1 所示。

表 B-1 UI字典范例

字段类别	字段名	英文缩写	说　明
角色	普通用户	User	普通权限，@移动端
	专家	Expert	普通权限+课堂类权限
	老师	Teacher	普通权限+课堂类权限
	系统管理员	SysAdmin	最高权限
	普通管理员	NorAdmin	赋给的指定权限
业务	课堂	Class	等价于虚拟商品
	节	Sect	一堂课约 40 分钟，上传后自动计算
	售价	Price	课堂价格，以节数计算

附录 C　UI 设计尺寸规范

C.1　iPhone 界面尺寸

如表 C-1 和图 C-1 所示。

表 C-1　iPhone 界面尺寸

设备	分辨率	PPI	状态栏高度	导航栏高度	标签栏高度
iPhone6P、6SP、7P	1242 px ×2208 px	401PPI	60px	132px	146px
iPhone6—6S—7	750 px ×1334 px	326PPI	40px	88px	98px
iPhone5—5C—5S	640 px ×1136 px	326PPI	40px	88px	98px
iPhone4—4S	640 px ×960 px	326PPI	40px	88px	98px
iPhone & iPod Touch 第 1 代～第 3 代	320 px ×480 px	163PPI	20px	44px	49px

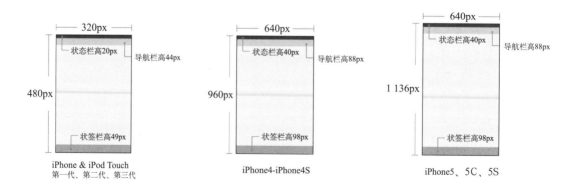

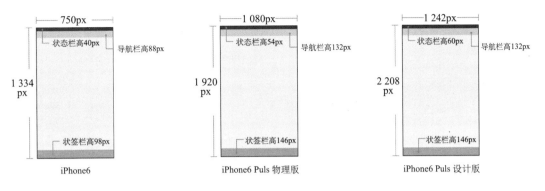

图 C-1 iPhone 界面尺寸

C.2 iPhone 图标尺寸

如表 C-2 和图 C-2 所示。

表 C-2 iPhone 图标尺寸

设备	App Store	程序应用	主屏幕	Spotlight 搜索	标签栏	工具栏和导航栏
iPhone6P—6SP—7 (@3×)	1 024 px × 1 024 px	180 px × 180 px	114 px × 114 px	87 px ×87 px	75 px ×75 px	66 px ×66 px
iPhone6—6S—7 (@2×)	1 024 px × 1 024 px	120 px × 120 px	114 px × 114 px	58 px ×58 px	75 px ×75 px	44 px ×44 px
iPhone5—5C—5S (@2×)	1 024 px × 1 024 px	120 px × 120 px	114 px × 114 px	58 px ×58 px	75 px ×75 px	44 px ×44 px
iPhone4—4S (@2×)	1 024 px × 1 024 px	120 px × 120 px	114 px × 114 px	58 px ×58 px	75 px ×75 px	44 px ×44 px
iPhone & iPod Touch 第 1～第 3 代	1 024 px × 1 024 px	120 px × 120 px	57 px × 57 px	29 px ×29 px	38 px ×38 px	30 px ×30 px

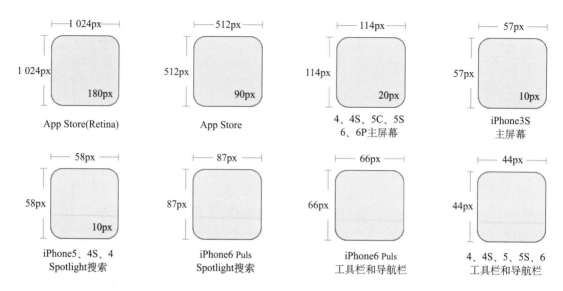

图 C-2 iPhone 图标尺寸

C.3 iPad 的设计尺寸

如表 C-3 和图 C-3 所示。

表 C-3 iPad 的设计尺寸

设备	尺寸	分辨率	状态栏高度	导航栏高度	标签栏高度
iPad 3—4—5—6—Air—Air2—mini2	2 048 px ×1 536 px	264PPI	40px	88px	98px
iPad 1—2	1 024 px ×768 px	132PPI	20px	44px	49px
iPad Mini	1 024 px ×768 px	163PPI	20px	44px	49px

C.4 iPad 图标尺寸

如表 C-4 和图 C-4 所示。

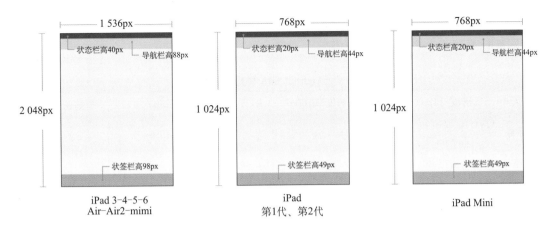

图 C-3 iPad 的设计尺寸

表 C-4 iPad 图标尺寸

设备	App Store	程序应用	主屏幕	Spotlight 搜索	标签栏	工具栏 \ 导航栏
iPad 3—4—5—6— Air—Air2—mini2	1 024 px × 1 024 px	180 px × 180 px	144 px × 144 px	100 px × 100 px	50 px × 50 px	44 px × 44 px
iPad 1—2	1 024 px × 1 024 px	90 px ×90 px	72 px ×72 px	50 px ×50 px	25 px × 25 px	22 px × 22 px
iPad Mini	1 024 px × 1 024 px	90 px ×90 px	72 px ×72 px	50 px ×50 px	25 px × 25 px	22 px × 22 px

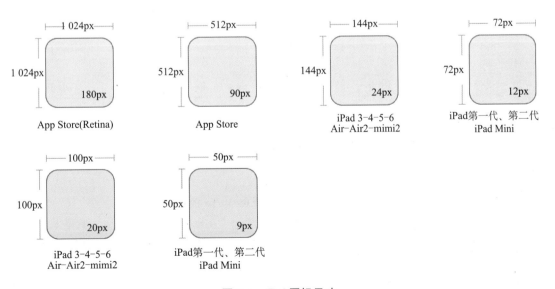

图 C-4 iPad 图标尺寸

C.5　Android SDK 模拟机的尺寸

如表 C-5 和图 C-5 所示。

表 C-5　Android SDK 模拟机的尺寸

屏幕大小	低密度（120）	中等密度（160）	高密度（240）	超高密度（320）
小屏幕	QVGA（240 px × 320 px）		480 px ×640 px	
普通屏幕	WQVGA400 （240 px ×400 px） WQVGA432 （240 px ×432 px）	HVGA（320 px ×480 px）	WVGA800（480 px ×800 px） WVGA854（480 px ×854 px） 600 px ×1 024 px	640 px ×960 px
大屏幕	WVGA800 （480 px ×800 px） WVGA854 （480 px ×854 px）	WVGA800（480 px ×800 px） WVGA854（480 px ×854 px） 600 px ×1 024 px		
超大屏幕	1 024 px ×600 px	1 024 px ×768 px 1 280 px ×768 pxWXGA （1 280 px ×800 px）	1 536 px ×1 152 px 1 920 px ×1 152 px 1 920 px ×1 200 px	2 048 px ×1 536 px 2 560 px ×1 600 px

C.6　Android 的图标尺寸

如表 C-6 所示。

表 C-6　Android 的图标尺寸

屏幕大小	启动图标	操作栏图标	上下文图标	系统通知图标 （白色）	最细笔画
320 ×480 px	48 px ×48 px	32 px ×32 px	16 px ×16 px	24 px ×24 px	不小于 2 px
480 ×800 px 480 ×854 px 540 ×960 px	72 px ×72 px	48 px ×48 px	24 px ×24 px	36 px ×36 px	不小于 3 px
720 ×1 280 px	48 px ×48 dp	32 px ×32 dp	16 px ×16 dp	24 dp ×24 dp	不小于 2 dp
1 080 ×1 920 px	144 px ×144 px	96 px ×96 px	48 px ×48 px	72 px ×72 px	不小于 6 px

C.7　Android 安卓系统 dp/sp/px 换算表

如表 C-7 所示。

表 C-7　Android 安卓系统 dp/sp/px 换算表

名称	分辨率	比率 rate （针对 320px）	比率 rate （针对 640px）	比率 rate （针对 750px）
idpi	240 px ×320 px	0.75	0.375	0.32
mdpi	320 px ×480 px	1	0.5	0.4267

续表

名称	分辨率	比率 rate（针对 320px）	比率 rate（针对 640px）	比率 rate（针对 750px）
hdpi	480 px ×800 px	1.5	0.75	0.64
xhdpi	720 px ×1 280 px	2.25	1.125	1.042
xxhdpi	1 080 px ×1 920 px	3.375	1.6875	1.5

C.8 主流 Android 手机分辨率和尺寸

如表表 C-8 所示。

表 C-8 主流 Android 手机分辨率和尺寸

设备	分辨率	尺寸	设备	分辨率	尺寸
魅族 MX2	4.4 英寸	800 px ×1 280 px	魅族 MX3	5.1 英寸	1080 px ×1 280 px
魅族 MX4	5.36 英寸	1 152 px ×1 920 px	魅族 MX4 Pro 未上市	5.5 英寸	1 536 px ×2 560 px
三星 GALAXY Note 4	5.7 英寸	1 440 px ×2 560 px	三星 GALAXY Note 3	5.7 英寸	1 080 px ×1 920 px
三星 GALAXY S5	5.1 英寸	1 080 px ×1 920 px	三星 GALAXY Note II	5.5 英寸	720 px ×1 280 px
索尼 Xperia Z3	5.2 英寸	1 080 px ×1 920 px	索尼 XL39h	6.44 英寸	1 080 px ×1 920 px
HTC Desire 820	5.5 英寸	720 px ×1 280 px	HTC One M8	4.7 英寸	1 080 px ×1 920 px
OPPO Find 7	5.5 英寸	1 440 px ×2 560 px	OPPO N1	5.9 英寸	1 080 px ×1 920 px
OPPO R3	5 英寸	720 px ×1 280 px	OPPO N1 Mini	5 英寸	720 px ×1 280 px

续表

设备	分辨率	尺寸	设备	分辨率	尺寸
小米 M4	5 英寸	1 080 px ×1 920 px	小米红米 Note	5.5 英寸	720 px ×1 280 px
小米 M3	5 英寸	1 080 px ×1 920 px	小米红米 1S	4.7 英寸	720 px ×1 280 px
小米 M3S	5 英寸	1 080 px ×1 920 px	小米 M2S	4.3 英寸	720 px ×1 280 px
华为荣耀 6	5 英寸	1 080 px ×1 920 px	锤子 T1	4.95 英寸	1 080 px ×1 920 px
LG G3	5.5 英寸	1 440 px ×2 560 px	OnePlus One	5.5 英寸	1 080 px ×1 920 px

C.9　主流浏览器的界面参数与市场份额

如表 C-9 所示。

表 C-9　主流浏览器的界面参数与市场份额

浏览器	状态栏	菜单栏	滚动条	市场份额（国内浮动）
Chrome 浏览器	22 px（浮动出现）	60 px	15 px	42.1%
火狐浏览器	20 px	132 px	15 px	1%
IE 浏览器	24 px	120 px	15 px	34%
360 浏览器	24 px	140 px	15 px	28%
遨游浏览器	24 px	147 px	15 px	1%
搜狗浏览器	25 px	163 px	15 px	3.8%

C.10 系统分辨率统计

如表 C-10 所示。

表 C-10 系统分辨率统计

分辨率	占有率	分辨率	占有率
1 920 px × 1 080 px	13.8%	1 366 px × 768 px	10.2%
360 px × 640 px	7.9%	1 440 px × 900 px	7.7%
720 px × 1280 px	6.4%	1 024 px × 768 px	5.1%
320 px × 568 px	3.7%	1 600 px × 900 px	3.5%
1 080 px × 1 920 px	3.3%	375 px × 667 px	3.2%

附录 D 设计参考原则

D.1 Norman（1983A）的推论和教训

1. 从研究中得到的推论

（1）模式错误意味着需要更好的反馈。

（2）描述错误说明需要更好的系统配置。

（3）缺乏一致性会导致错误。

（4）获取错误意味着需要避免相互重叠的命令序列。

（5）激活的问题说明了提醒的重要性。

（6）人会犯错，所以要让系统对错误不敏感。

2. 教训

（1）反馈：用户应该能够清楚地了解系统的状态，最好以清晰明确的形式展现系统状态，从而避免在对模式的判断上犯错。

（2）印象序列的相似度：不同类型的操作应有非常不同的指令序列（或者菜单操作模式），从而避免用户在响应的获取和描述上犯错。

（3）操作应该是可逆的：应尽可能可逆，对于重要后果且不可逆的操作，应提高难度以防止误操作。

（4）系统的一致性：系统在其结构和指令设计上应保持一致的风格，从而尽量减少用户因记错或者记不起如何操作引发问题。

D.2 Shneiderman（1987）8 条

Shneiderman（1987）8 条如下。

（1）力争一致性。

（2）提供全面的可用性。

（3）提供信息充足的反馈。

（4）设计任务流程以完成任务。

（5）预防错误。

（6）允许容易的操作反转。

（7）让用户认为自己在掌控。

（8）尽可能减轻短期记忆的负担。

D.3　Nielsen & Molich（1990）10 条

Nielsen & Molich（1990）10 条如下。

（1）一致性和标准。

（2）系统状态的可见性。

（3）系统与真实世界的匹配。

（4）用户的控制与自由。

（5）错误预防。

（6）识别而不是会议。

（7）使用应灵活高效。

（8）具有美感和极简主义的设计。

（9）帮助用户识别、诊断错误，并从错误中恢复。

（10）提供在线文档和帮助。

D.4　Stone et al.（2005）8 条

Stone et al.（2005）8 条如下。

（1）可见性：朝向目标的第 1 步应该清晰。

（2）自解释：控件本身能够提示使用方法。

（3）反馈：对已经发生或者正在发生的情况提供清晰的说明。

（4）简单化：尽可能简单并能专注具体任务。

（5）结构：内容组织应有条理。

（6）一致性：相似，从而可预期。

（7）容错性：避免错误，能够从错误中恢复。

（8）可访问性：即使有故障，访问设备或者环境条件存在制约，也要使所有目标用户都能够使用。

D.5　Johnson（2007）9 条

Johnson（2007）9 条如下。

（1）原则1：专注于用户及其任务，而不是技术，要了解用户、了解执行的任务并、考虑软件运行环境。

（2）原则2：考虑功能，再考虑展示，要开发一个概念模型。

（3）原则3：一要与用户看任务的角度一致，要争取尽可能自然；二要使用用户所用的词汇，而不是自己创造的；三要封装，不暴露程序的内部运作；四要找到功能与复杂度的平衡点。

（4）原则4：为常见的情况而设计，保证常见的结果容易实现。两类"常见"即"很多人"与"很经常"，要为核心情况而设计，不要纠结于"边缘"情况。

（5）原则5：不要把用户的任务复杂化。不给用户额外的问题，清楚那些用户经常琢磨推导才会用的功能。

（6）原则6：方便学习，"从外向内"而不是"从内向外"思考。一致，一致，还是一致，并且提供一个低风险的学习环境。

（7）原则7：传递信息，而不是数据。仔细设计显示，争取专业的帮助。屏幕是用户的，应保持显示的惯性。

（8）原则8：一是为响应度而设计，可确认用户的操作；二是让用户知道软件是否在忙，在等待时允许用户做别的事情；三是动画要做到平滑和清晰；四是让用户能够终止长时间的操作；五是让用户能够预计操作所需要的时间，尽可能让用户来掌控自己的工作节奏。

（9）原则9：让用户试用后再修改，测试结果会让设计师（甚至是经验丰富的设计师）感到惊讶。安排时间纠正测试发现的问题，测试的目的是信息和社会目的；此外每个阶段和每个目标都要测试。

最重要的是设计师在工作时要把记录需要注意的内容记录，以做成自己的原则。

反侵权盗版声明

电子工业出版社依法对本作品享有专有出版权。任何未经权利人书面许可，复制、销售或通过信息网络传播本作品的行为，歪曲、篡改、剽窃本作品的行为，均违反《中华人民共和国著作权法》，其行为人应承担相应的民事责任和行政责任，构成犯罪的，将被依法追究刑事责任。

为了维护市场秩序，保护权利人的合法权益，我社将依法查处和打击侵权盗版的单位和个人。欢迎社会各界人士积极举报侵权盗版行为，本社将奖励举报有功人员，并保证举报人的信息不被泄露。

举报电话：（010）88254396；（010）88258888

传　　真：（010）88254397

E-mail：　dbqq@phei.com.cn

通信地址：北京市海淀区万寿路 173 信箱

　　　　　电子工业出版社总编办公室

邮　　编：100036